自衛隊イラク日報

日誌から見える隊員達の生活と素顔

ライフブックス編

真明社

はじめに

２０１８年４月１６日、それまで存在しないとされていた自衛隊のイラク派遣における「日報」が、防衛省によって公開されました。そして1万5千ページにも上る資料の中には、イラクでの自衛隊隊員達の生活が良く分かる「日誌」も、２００５年から２００６年にかけての数百日分、含まれていました。

「日報」自体は報告書ですので、その日の隊全体の活動内容が主に報告されています。一方でその中の「日誌」は、雑誌における編集後記のようなものであり、書き手である隊員個人の気持ちや考え、自衛隊としての活動とは直接関係しない日々の出来事なども綴られています。

自衛隊という言葉を耳にすることは頻繁にありますが、ではその隊員たちの実際の生活や心情を、私達はどれだけ知っているでしょうか？　ましてやイラクという土地で、どのような状況の中、どのような生活を送り、何を考え、何を想って活動していたかなど、想像することもなかったのではないでしょうか。

今回公開された「イラク日報」を読むことで、これまであまり知られることの無かった自衛隊の隊員個人の生活や心情について様々なことを知ることができます。しかし原文のままでは読みにくい箇所も多いため、「イラク日報」の中でも個人的な視点で書かれている「日誌」の中から、書き手の生活や心情が伝わりやすいと思われる部分を抜粋し、できるだけ多くの方が読みやすいよう編集してまとめたものが本書です。イラクという土地で、自衛隊として復興支援を行う隊員の方々が、何を考えどのように日々を過ごしていたのか。それが、自身の言葉で活き活きと語られています。

尚、読者の方が興味を持つ部分から読みやすくするために、本書では「日誌」の内容を「**仲間との日常**」、「**家族**」、「**戦闘**」、「**イラクでの想い**」という4つのテーマに分類しました。各テーマごとに時系列順になっています。

本書の出版にあたりご協力くださった皆様と、イラク日報の作成と公開に関わった皆様、そしてイラクにて活動された自衛隊隊員の皆様に、この場をお借りして御礼申し上げます。

ライフブックス編集部

目次

※本書では、オリジナルの日報を以下のように編集しています。

・横書きの原文を縦書きに変更しました。それに伴い、半角だった記号や数字、アルファベット等の一部を全角に変更しました。また、レイアウトを整えるための記号を一部省略や変更し、フォントも変更しました。

・黒塗りされていた部分は、●●、▲▲、■■、▼▼、等に置き換えました。

・4つのテーマに沿って日付順に日誌を並べ、必要箇所のみを抜粋しました。そのため、特定の日の日誌のうち、一部のみが抜粋されている場合があります。その際も、（前略）や（中略）などの表記は入れていません。

・原文中で個人名の表記がある場合でも、外国人では准将以上、日本人では隊長・群長以上の方でなければ●●、等として伏せています。また、文中に書き手の名前が出ていた箇所は、「私」に置き換え、文末の記名は省略しました。

・一般的でない用語の初出時には、（※）を付けて意味を注記しました。

・日誌の日付には、西暦を追記しました。

・それ以外の抜粋部分に関しては、できるだけ原文のままとなるようにし、句読点の位置や表現なども変更していません。（ただし明確な誤字、脱字は修正した箇所もあります）

本書の主な舞台となる地域

サマーワ — イラク共和国ムサンナー県の都市。６００名近い規模の陸上自衛隊本隊が、「給水」「医療支援」「学校・道路の補修」等の人道復興支援活動を行う。

バグダッド — イラク共和国首都。５名ほどのＬＯ（※連絡幹部）が、多国籍軍と協力して本隊の支援業務を行う。

バスラ — イラク共和国第二の都市。４名ほどのＬＯが、多国籍軍と協力して本隊の支援業務を行う。

第1部　仲間との日常

バグダッド日誌（2005年10月12日）

午前中コアリッション・オフィス(※)で勤務中、どこか遠くの方で爆発があったらしく、比較的大きな振動を数回感じた。周りを見回すと、まあいつものことだよと言わんばかりに皆ただ黙々と机に向かって何かをしており、誰一人反応した者はいなかった。しばらくすると、背後から声をかける者がおり、誰かと思って振り返るとモンゴルの大佐だった。「いい写真を見せてやるから来い。」と呼ばれ、何かと思って行ってみると、モンゴル相撲の写真を見せながらモンゴル相撲の現況について延々とレクチャーを受けた。

その後、エルサルバドル、カザフスタン、ルーマニア、アルメニア、モンゴルLOと一緒に昼食をとったが、皆なにか忙しそうにしてるけどそんなにやることがあるのか聞いてみたところ、「俺は一日に映画2本みてます。」「私は、ここにいることに意義があるんです。」「昼食の時間を待っていた。」等の不真面目な返事が返ってきた。最後にモンゴルの大佐が一言「お前ら軍人らしくないな。食べるのが遅いよ。」

（※）各国先任連絡幹部の事務所

バグダッド日誌（2005年10月14日）

ホノルルマラソン in バグダッド

知り合いの米海兵隊の大尉から、12月11日に第33回ホノルルマラソンがイラクでサテライト・ランを開催するので参加しませんかという招待メールが届いた。参加費は無料で完走者には公式認定証、Tシャツ、メダル及び貝殻のレイが贈られるそうである。当日は0500スタート、コースはキャンプ・ビクトリーとキャンプ・リバティをまたぐ26．2マイル、ということで参加はあきらめた。参加を希望される方がいましたらハワイではなくバグダッドまで……。

バグダッド日誌（2005年10月16日）

コアリション・オペレーション「ソフトボール」

本日、新旧コアリション事務所長以下コアリション事務所のスタッフ及び各国LOの親善ソフトボールが厳戒態勢の下開催され、全員で参加した。

試合開始の正午から3時まで、炎天下で2試合続けてのタフな親善ゲームであった。海兵隊の●●は終始主審をつとめて健在ぶりをアピールしていたが、年輩者の中にはハッスルしすぎで肉離れぎみになって戦線を離脱する者が散見された。日米韓以外は殆どがルールを知らないという状況下で珍プレー続出の試合終了後は、全員で記念撮影、最後に円陣を組んで歓声をあげて、大いに懇親を深めることができた。

野球を知らない某国LOからは「投げてよし、打ってよしの日本人の活躍でドリームゲームになった。」と賞賛を受けた。

バグダッド日誌（2005年10月19日）

7月にイラクに到着以来、初めて雨が降った。米軍とともに歓声を上げたが、約1分間の通り雨に終わった。

バスラ日誌（2005年10月19日）

食堂のエジプト人従業員が日本語に異常に興味を持っており、朝、昼、夕、会う度に、今までに覚えた日本語を復習するとともに、次は何を教えてくれるのかとおねだりされている。

バスラ日誌（2005年10月23日）

今日は、副師団長はじめイタリア人帰国者の送別会。イタリア人は日本人が好きで、何かあるたびに招かれます。アルコールも入ってきて上機嫌になると過去の同盟ネタになることも。「今度も一緒にやろうぜ。」と言われ、笑いながら心の中で「Ｎｏ」と答える。友達にするには陽気でいい人たちですが……一緒に銃をとって戦うかと言われると躊躇する。国民性は、時代を経てもあまり変わらないんだなと思います。

バグダッド日誌（2005年10月26日）

英国淑女は鷹狩りがお好き!?

ナショナルＬＯが勤務するコアリッション事務所に各国のオヤジＬＯに混じって唯一女性ＬＯ（英国少佐）がいる。

今朝、話をしていると肩に鷹を載せて山を歩いている写真を見せながら、「鷹３羽と犬３匹飼ってるの。」と言い出した。「ヘェー」とうなずくと、延々と「鷹狩り」についてレクチャーを受けた。段々と早口になり、途中から全く意味不明。

話の途中で、大きな爆発音が数回聞こえた。(※)（ＩＥＤの爆破処理であることを後で確認、もちろんこの時は不明）２回目の音がした時、「うるさいわね！私の話のジャマしないで！」
何とも豪快な英国淑女である。
（※）路肩爆弾等の即席爆発装置

バグダッド日誌（２００５年１１月３日）

挨拶あれこれ

挨拶に伴う動作には、目礼、敬礼、握手、手を振る等々色々ある。親しさによってこれらの動作は変化する。同じ事務所で勤務はしていなくても、食堂や売店等毎日の生活で会う人はだいたい決まっているので、自然と顔見知りになる人もたくさんいる。時間の経過による彼らの動作を観察した。

日本人と初めて会う多くの多国籍軍将兵の反応は、目礼と「ＨＥＬＬＯＷ」が一般的で、最初からきちんとした敬礼をしてくれる人は、米軍でさえ少数である。

目礼に、「手を振る」動作が加わり、挨拶以外の言葉を交わすと「握手」して互いに自己紹介をする。

陸空自衛官の階級章を認識できる者はほとんどいない。親しく言葉を交わしている相手が、急に「ところで階級は何？」と聞く。「中佐」と答えると「ギョッ」としたような顔をして突然言葉を改め始める。「気にするな」と言うと本当に全く気にしない奴もいれば、「そんなわけには……」と挨拶に「敬礼」が加わる。

多国籍軍のほとんどの将兵が初めて会う又は話す日本人が我々であるが、逆に我々にとって初めて会う○○人というのも、また彼ら各国のLO達である。我々が彼らをみて「これが○○人か」と思うと同時に、彼らも我々をみて「これが日本人か」と認識されていると思うと、しっかりしなきゃと思う。

初めて接する他国の挨拶の風習の中で、最近対応に困っているのが、「ウインク」である。きれいな金髪の女性が「ウインク」してくれれば、うれしいのだが、残念ながらウインクするのは、額の面積が通常より広いオヤジか、ヒゲヅラのオッサンばかり……。オッサンが相互にウインクする光景の中に自分がいることが許せないから、私がウインクしたことは一度もない。

バスラ日誌（2005年11月6日）

今日もまた朝会議でメディアが、「日本が、イラクの対日債務の80%、33億ポンドの帳消しに合意した」と紹介した。もちろん全員が、驚きの表情で私の方に顔を向けた。

バグダッド日誌（2015年11月12日）

かっこよく見られたい？

夕方久しぶりの駆け足、軽い感じで足を運んでいたら、横道から黒人女性が2人、やはり駆け足で私の前に入ってきた。私の方が少しペースが速かったので、さっと彼女らの横を通り過ぎようとしたところ、一言「Cool」と聞こえた。

あれもしかしたら俺って格好いいのかな？ これで友達になれたらいいなと思いつつ、格好良さをアピールしようと速度を増してロストレイクの周回に入る。

少し走って振り返ると彼女らは遙か後ろをゆっくりと走っている。Cool と言われた瞬間とは、距離も意識も離れてしまったみたいだ。
何でこんなことに気付かなかったんだろう。一生懸命やろうとすると距離が生まれると言うことに……。

バグダッド日誌（2005年11月14日）

コアリッション事務所新副所長●●（米空軍）

前副所長の▲▲以上に親日家であり、知日家である。とてもきさくな方で、我々が「グッド・モーニング・サー」と挨拶をすると「グッド・モーニング・マイ・フレンド」といってくれる。

先日朝、ふらりと我々LOがいる事務所に入ってくるなり、アメフトのボールを投げてくる。室内にいるLO一人一人に投げ、みんなが投げ返す。その後「今日も良い一日になりそうだ。ハッハハッハッ」と帰っていった。LO一同顔を見合わせ、「……」でも何となくみんないい気分で仕事に戻った。

大佐は、日本製品が何でも一番いいという。ボート、車、時計と日本製品を使っているらしい。中でも、大佐のご自慢はセイコーの腕時計で、15年間使っていて、一度も修理をしたことがないらしい。この話機会あるごとに話すので、大佐が着任して約1ヶ月のうちに私は3回聞いている。

LOが集まって話しをしていた時のこと、大佐が腕時計を見せて「いいだろう」といつもの自慢が始まった。LOのうち何人かは、デジタルカメラ、カメラ付き携帯、腕時計等々とそれぞれが持っている日本製品のことについて話していた。

「おまえの腕時計を見せろ」と急に言われた。断ってもしつこく言ってくる。渋々出した私の腕時計は「980円」の安物のデジタル時計。みんな「……」、「だから、嫌だっていったのに……」

日本に行きたい……

旧ソ連の国から来たLO達の日本に対する関心はとても高い。携帯電話、デジタルカメラ、車、バイク等ものに対するあこがれと、SHUSHI、SAKEと言った日本食への関心等、驚くほどに知識もある。

本日の昼食時、急にロシア語で3人が話し始めた。（グルジア、ウクライナ、カザフスタン）
（こいつら何言ってるんだ……）と思っていると、「俺たちが、ここの任務を終えたら、休暇を取ってみんなで日本に行くことにした。」という。「いいよ。ウエルカムだよ」と返事をする。
またロシア語で何やら言っている。しばらくして急に「おまえは同意したな」という。
私：「何が？」
やつら：「俺らの日本行き」
私：「どうぞ来てください。」
やつら：「よし、では俺らの往復の交通費はおまえ持ちと言うことでいいな。」、「うちは娘が3人」、「うちは二人」…………
私：「なんでそうなるの？ 俺そんなに金持ってない！」（グルジア大佐の「遠謀深慮」か？）
やつら：「俺らもないけど、日本に行きたいんだ。」

恐るべき理屈……結局、自分で金を払って行くということに落ち着いた。

バグダッド日誌（2005年12月2日）

今日はムスリム？

事務所に残ったLO3名で昼食をとっている時のこと、宗教の話になった。

●●「日本人の宗数は何？」

日「一般的に仏教徒だけど、日本人は何でもありだ。例えば、クリスマスを祝うし、元日には神社にお参りするし、先祖のお墓は仏式が多い。わかるかな？」

●●「聞いたことがある。すごく興味がある。神社ってどんな神様がいるんだ？」

日「詳しいことはよく知らないけど、日本には「八百万の神」がいて、何でも御神体になる。」

●●「800万も神様がいるのか？ キリスト教も仏教も何でもありか？ 便利がいいな！」

日「ところで、おまえは何教徒なの？　カザフはキリスト教だろ？」
●「俺はムスリム」
カ「俺も、ムスリムだよ。なんで？」
日「エッ？　ラマダン間もしっかり昼飯食ってたじゃない？」（あまり突っ込んだらやばいかな？　と思いつつ）
●「そうだっけ？　でも、お前も今日は、ムスリムだぞ」（当然という表情）
日「エ？　なんで？」（とても驚く）
●「民主主義でいくと、今日は2対1でムスリムが勝ちだろ。だから、今日はお前もムスリムだ！」（ウインク付）
日「そんなのあり？　まあいいか、じゃあ今日は豚肉を食べないように気をつける。」（イラク人もこいつみたいだったら、もめないだろうに……イスラム教徒も色々奥が深い……）

思い込みと無理は禁物！

先日、しばらくぶりにジムに行った。今日はゆっくりやろうと思っていたが、隣のマシンに「中年の小太り」の米兵が15分ほど遅れて来て、私を挑発してくる。私より強度を1つ上げ、速度も0.5位早くする。こっちがチョット早くすると、相手も少しだけ上げる。最初は、気のせいと思っていたが、妙に気になり始める。

気にするまいと思っていても、ついつい「同年代の小太り」に意識がいく。（米兵といっても同年代ならこんな「小太りオヤジ」に負けるもんか！）と頑張ってしまった。気がつくとお互い心拍数は190を超えていた。「やばいな」と思って、ペースダウンし、予定より早く切り上げた。やつには見えないところで、しばらくボーッとしていた。

「中年の小太り」がマシンから降りた。こっちを見てる。「平気な顔」してやろうと思って見返すと、なんと向こうは、20代の若い兵隊。「小太り」と思っていたのも実は「ただ、ごっつい」だけだった。（なんで俺なんかとはりあうの？）と思ってももう遅い。そう「思い込んだ」自分が悪い。

彼の方こそ「中年の小太りオヤジ」に負けられないと思っていたんだろう。

バスラ日誌（2005年12月3日）

今日、隣の席のアメリカ海軍から来ている大尉が壁にいろいろペーパーを貼り付けてあったので見ていたら、当の本人が「何だ？ 興味あるのか？」と何やらうれしそう。彼が指さしながら「ムサシ」、「ムサシ」と言った紙を見たら、背景に何やら武士のような絵が……。ひょっとして宮本武蔵かと思ってよく見たら“the Book of Five Rings”というタイトルが目に入ってきました。“Five Rings”……“**Five Rings!**”「五輪書」だと気付いて「知ってる。知ってる。」と言ったら、彼に「この本大好きなんだ。いつも読んでるよ。いい本だよね。」と言われ、読んだこと無いのがばれませんようにと思いながら「うんうん。」と返事。恥ずかしながら、ここにいると時たま外国人から日本文化について教わることがあります。彼が日本に滞在したことがあって、ラーメン好きなのは知っていたけど「五輪書」を愛読していたとは……アメリカ人恐るべし。

バグダッド日誌（2005年12月4日）

7回目拝聴

電話の後、●●と「せんべい」をかじりながら少し話をした。突然大佐が歌を歌い出した。（何かな？）と思っていると、「この歌の曲名はなんだっけ？」と聞く。かの有名な「すきやきソング」（上を向いて歩こう）だった。日本のテレビを見ながら、しばらく日本の歌の話で盛り上がった。

最後に大佐の運転する車で事務所に戻り、事務所長に結果を報告した。

二人で事務所長の執務室を出た後、（今日はないかな？）と思いつつもチョット期待しながらお礼と挨拶をした。大佐は私の期待通り、いつものポーズで「この時計はな……」と始まった。ありがたく7回目を拝聴しました。

バグダッド日誌（2005年12月5日）

スキンヘッド

多国籍軍人達の髪型は当然のことながら、概して短い。日本で言うところの「空挺カット」が一般的である。天然か、人工の違いはあるが、約半数はスキンヘッドである。いずれも大半がシャワールームで自分で散髪している。私もその一人である。

バグダッドに来たら一度はやろうと思っていたことのなかの一つがスキンヘッドである。深い理由はないが、日本ではなかなかやりにくいことであるが、ここではさほど目立たないから、というのが理由である。なかなか思い切れずにいたが、昨日、シャワールームで自分で「剃った」。

面白い反応をしたのは英国LOと米軍少佐だった。英軍LOは私を遠くから発見し、ずっと見ていた。接近するに従って「ニヤニヤ」しながら、目迎目送で出迎えてくれた。ニヤニヤしながら、「何かいつもと違う？……何かいつもと違う？何かいつもと違う？」を連呼していた。「似合うか？」と聞くと、「すごく似合う」といって、その後は何も言わない。ただ、ニヤニヤしていた。

米軍少佐は、すごく驚いた顔をして、髪のない私に対して、「その髪型はどうしたの？何かあったの？」と聞いてきた。（スキンヘッドも髪型って言うんだ）

と思いながら、「似合うか？」と聞くと、「最初見た時はビックリしたけど、いいヘアスタイルだ。よく似合ってる。」との感想であった。

数少ない女性の知り合いの一人は、ただ「ニコニコ」しながら、「元気そうね」と一言いっただけだった。

今朝、色々な軍人達の反応を観察した。概して英米人は、知り合いであれば理由を聞きたがるが一般に決してジッと見たりしない。髪型は軍の規則内なら個人の自由という印象である。旧ソ連圏を含むアジア系の軍人達はジーッと見るが、理由を聞いてくるのは約半数程度で、これもやはり個人の自由という印象であった。元々スキンヘッドの人たちはほとんど無反応という3種類くらいの反応があった。

コアリッション事務所のLO仲間達は、みんな喜んでくれた。モンゴル大佐を含む大半は「すばらしい。」とほめてくれた。スキンヘッドの5名は特にコメントなし。カザフとエル・サルバドルは、「俺らもやろうかな。」といいつつ、「カザフがやったらオレもやる。」、「エル・サルバドルがやったらオレもやる」とお互い言い合っていた。「なんなら、オレが二人とも剃ってやろうか？」というと、

「ウン、こいつの次に」と言い合っていた。
しばらくは、シャンプー不要のこの「髪型」でいようと思う。

バスラ日誌（２００５年１２月５日）

一緒に仕事をしていた米軍のアラビア語通訳がバグダッドに帰りました。彼女とは私がアラビア語を少し話せるのがきっかけで接点ができて親しくなりました。彼女はアメリカに亡命したイラク人ですが、●●の通訳業務も勤めたことがあるそうで、情報畑での勤務歴も長いようです。「イラクでの勤務は収入もいいし、なにより自分の母国での仕事なので、ずっと続けたい。」と言っていました。それが母国の復興に少しでも貢献できる道だと感じているようでした。

バグダッド日誌（２００５年１２月７日）

Enjoy Your Meal!

早いもので、我々が出国してから、５ヶ月余りが過ぎ、その任も終盤にさしかかった。ここでの生活にもすっかり慣れた。味はともかく、米軍の食事にも慣れ、カロリーコントロールもできるようになり、出国当時よりも体重も減った。これは、食べ物よりも、「食べ方」の効果が大きいと思う。

夕食は日本人5人で毎日会食しているが、昼食はできる限り各国のLO達と一緒に食べるようにしている。彼らと食事をしていると、同じものを食べても「豊かさ」や「ゆとり」のようなものを感じる。忙しくても、食堂で食事をする時は、ゆっくり食事を「楽しむ」のがほとんどの外国人達の習慣のようだ。食事の行き帰りや食堂で知り合いに会うと、Enjoy Your Meal! と声を掛け合うが、まさに「楽しむ」事を言い表しているように思う。会話しながら概ね1時間位かけてゆっくりと食べる。

日本人だけで会食している夕食も、最近は1時間近くかけて一日の出来事をおもしろおかしく話しながら食べるようになったことも、我々がここでの生活に慣れたことの表れかと思う。

我々の帰国も近づいてきている。帰国するまでの間、帰国することを楽しみにしつつ、帰国してからの自分の生活を思う時、日本での生活を恋しく想う気持ちと、「食事の時間を楽しむ余裕」を惜しむ気持ちとが複雑に交錯するのだろうと思う。

バグダッド日誌（2005年12月8日）

プチ空手ブーム

新しく赴任したコアリッションスタッフ（米海兵中佐）との空手談義を聞いていたボスニア（陸大尉）とイタリア（空軍曹）が、空手を教えてくれといってきた。「オレより米海兵中佐のほうが上手だよ。」と言うと、「空手はやっぱり、日本人に教わらないと……」という。

事務所の隅で簡単な基本をいくつか教えた。それを見ていたルーマニア（陸中佐）、カザフスタン（空中佐）も近寄って来て、即席空手教室になった。覚えたことを試しながら、お互いに写真を取り合ったりしてえらく盛り上がっている。

「明日は何教えてくれる?」、「明日もよろしくな。」という。しばらく続きそうな気配である。

コアリッションスタッフの海兵中佐も、私の顔を見ると「押忍！」といいながら寄ってくる。「今日は何時からやろうか？」

こちらもしばらく続きそうである。いずれにしても、コアリッション事務所ではプチ空手ブームがおきている。

バグダッド日誌（2005年12月9日）

スキンヘッド その後の状況

スキンヘッドにして数日が経った。最初は遠慮がちだった各国軍人達の反応も、色々出てきた。

韓国のLO（陸中佐）は、会うたびに「南無阿弥陀仏」と言って拝んでくる。そのたびに、「きっといいことがあるよ」と答えている。

食堂で、肉の配食を専門にやっている雇用者がいる。久しぶりに肉をもらいに行くと「今日は豚肉ですが、いいですか？」と聞く。「いいよ」と私。「ホントにいいんですか？」と再確認。ここで気がついた「俺はムスリムじゃない。」

すれ違う軍人達が時々話しかけてくる。全く知らない米軍の軍曹が、「その髪型はすごくいいですね」、「私もあなたの髪型が気に入ってます。」等々。外では当然帽子を被っているから、（何で知ってるの）と思いつつ、とりあえずお礼を言う。どこか室内にいる時に彼らは見ているのだろうと思う。緑の戦闘服を着た「スキンヘッドの日本人」がウロウロしてるとやはり目立つのだろう。自分の言動に注意しなければと思う。特に効果を期待していたわけではないが、結果的に自分の行動を律する必要性をより高める効果があった。真面目に勤務しようと気を引き締めた。

最後に家族の反応を紹介する。家内は「普通に伸ばさないと（帰国しても）家に入れない。」とメールに書いてきた。国内外の反応の違いにとまどう私です。

バグダッド日誌（2005年12月10日）

イラク軍との遭遇！

基地内を車で走っていると、イラク軍の車列に遭遇した。米軍の装甲車10

数両を道路脇に停車して、何かやっているようだった。これだけの数のイラク軍を見るのも珍しい。話を聞いて、出来れば写真も撮りたいと思ったが、勝手に撮ったら何かいわれると思いLO4名で恐る恐る近づいた。

我々を見つけるなり、「ヤバーニ」といいながら10名近くのイラク兵が近づいてきた。チョット怖かった。一番心配したのは、「武器、弾薬を取られないか?」、「変なことされないか?」だった。さすがに私以外の3名も、武器を手でしっかり押さえていた。

「サマーワから来たのか?」、「日本人だ!日本人だ!」、(日の丸を指さしながら)「日本の国旗を知ってる」等々集まってきたイラク兵達が口々に言ってくる。(アラビア語なのでよく分からないが、多分こんなことを言っていたと思う。)「一緒に写真を撮ろう!」誰かが言ったのか、私を中心にみんなが撮影の隊型に移動し始めた。

距離が出来たので、よく見ると着ている服、鉄帽、アーマー(※)が全員バラバラ、一人の兵士が私にこれをかぶれと鉄帽を差し出してくる。手に取ると「うそっぱち」(プラスチック製?)だった。(こいつらこれで戦うのか?ここで何してるのか？）と思い、聞いてみるが、英語は全く通じない。何を言っても「ヤバーニ！」、「ヤバーニ！」を繰り返す。

近くにいた彼らの訓練を指導している様子の米兵（軍曹）によると、「検問所での勤務要領を訓練した帰り」とのことだった。車列を整然と整列させている様子だけを見ると、もしかして米軍より練度が高い？と感じた。個々の兵隊は「お調子者」ばかりのようで、彼らを指導する米兵は、大変だろうと思う。新たなイラクの国造りには、彼らの信頼性・練度の向上が、不可欠なだけに、双方とも頑張って欲しいと思う。

彼らの言動に、我々日本人に対する親近感を強く感じた。恐らく初めて会う「日本人」に一生懸命話しかける彼らは、本当にうれしそうだった。最初は少しとまどいも感じたが、彼らと会えて、とても楽しい気分になれた。

（※）防弾ベスト

バグダッド日誌（2005年12月11日）

イラク軍育成への道険し？

今朝、食堂の出口で米海兵隊員と出くわした。厳つい感じの軍曹だった。歩きながら話しをした。

彼：（目の前にある建物を指差し、）私はその建物で働いている。

私：イラク軍のHQ（※）なのか？

彼：そうだ。

私：どんな職務を担当しているんだ？

彼：イラク軍に対する訓練アドバイザーの一人だ。

私：イラク軍の成長が著しいのは君のおかげだね。

彼：イラク軍の成長が著しい？　そんなことはない、とても大変だ、苦労している。

私：えっ、何で？　報告では成長著しいと聞いてるよ？

彼：イラク軍人は軍隊というものが解っていない。まるっきりなっちゃいない。だからオレはいつも彼らに対し「Be Army」を連発している。

私：それって本当？

彼：もー大変だよ。日本もイラク軍の訓練を手伝わないか、そうすれば我々の苦労がわかるよ。（振り返りもせず、すたすたとイラク軍HQに向かう彼）

私：……？　精強イラク軍育成の道は険しい……ようだ。

（※）多国籍軍事務所

日本人ＬＯ全米デビュー？

多国籍軍司令部のあるパレス（※）内の１階のロビーに大きなクリスマスツリーが飾られた。今朝、そのツリーの装飾のライトの点灯式が行われた。多国籍、多宗教の軍人達が集まって、盛大に行われた。テレビ局のカメラまであった。

日系人の米軍中佐が、「一緒に写真撮ろうよ」と誘いに来た。ツリーの前で写真を撮っていると、コアリッション事務所長以下いつものＬＯ達も一緒に撮ろうとパチリ。日本生まれの米空軍大尉と一緒に写真を撮っていた時、テレビカメラが私たちを撮っていた。同時に、スターズアンドストライプ紙の記者らしき人もカメラを向けていた。

●●は、広報のスタッフから依頼され、カメラの前で「メリークリスマス・アメリカ」と全米に向けメッセージを述べた。カットされるのを覚悟で「日本の皆さんおはようございます。」と頼まれてもいない言葉追加するあたりはさすがである。
選挙を控え大変な毎日の中でも、アメリカ人にとってクリスマスは大切な行事であることを改めて認識した。我々2人の日本人の映像が、テレビや新聞に出るのかどうかは不明だが、自分たちで勝手に全米デビューと思いこんで喜んでいる。

(※) バグダッドにある宮殿　P148参照

バグダッド日誌（2005年12月13日）

男は死ぬまで年を取らない！

ブルガリアLO（陸中佐）は、私と同じ年齢である。事務所の外で彼と話をしていると、この寒い中ボスニアLO（空大尉）が半袖シャツ1枚で外に出てきた。
日：「おまえ寒くないのか？」
ボ：「いいや。丁度いいくらいだ。」
ブ：「俺らは年なんだよ。」

日：「そうだよな。年食ったよな。」（目も見えにくくなったし、厄年を過ぎて本当に年を食ったと感じていた。）
ボ：「何言ってるんだ！ボスニアでは『男は死ぬまで年をとらない』（Men never be old!）という。年取ったなんて言うのは、男じゃない！（真剣に語り始める）お前は、空手の有段者だから、男なんだ！だから、死ぬまで、年食った（I'm too old）なんて言ったらだめだ！」
日：「ウッ……分かった」
（こいつカッコイイこと言うな……）と思いながら、最近は年食ったという言訳を連発していた自分を反省した。

バグダッド日誌（2015年12月14日）

送別会の風景

まもなく帰国するブルガリア、ウクライナ両国ＬＯの送別パーティが行われた。写真を取り合ったり、戦場が異なるため普段は顔を合わせない国のＬＯと話したり、あちこちに輪ができて話が弾んだ。こういう時、バグダッドに来て良かったと本当に感じる。それぞれの国の面白い話が聞けて、時間があっという間に過ぎていく。昨日のパーティで聞いた興味深い話を紹介したい。

多国籍軍司令部勤務者が紳士的な理由……

C2スタッフのラトビアLO（陸大尉）も、年内に帰国する予定である。彼は握手する時気をつけないと突き指しそうなくらいすごい勢いと力で手を握ってくる。「もうすぐ帰るんだって？おめでとう！」と声をかけた。彼は、「俺はここで勤務できてとても楽しかった。みんなとても紳士だった。」と答えてきた。以前紹介した多国籍軍司令部で怒鳴り声を聞かないことについて、彼も同じように感じていたようだ。

私：「そうだね。俺もここに来てから、怒鳴り声を聞いたことがない。気分よく仕事ができるよな。」

大尉：「日本はどうか知らないけど、俺の国の司令部では、怒鳴り合い、ドアを蹴飛ばし合いながら仕事してるよ。下手すると銃を持ち出すやつまでいる。そうしないと仕事が進まないからだ。」
私：「日本では銃を出すことはない。ドアを蹴ることも滅多にないけど、同じようなもんだ。何でだと思う？」
大尉：「簡単だよ、他の国の奴らから変な奴、一緒に仕事したくない奴と思われたくないからさ。」

彼の意見と言うより、話し方に説得力があるように感じた。旧ソ連圏の国や東欧の国は、国際社会、特に米英から認められたい、という理由で、イラクに軍を派遣している。（もちろんそれだけではないだろうが）国を代表して派遣され、多国籍軍参加各国軍人等と良好な人間関係を持つことは、我々以上に重要な意味を持つのだろうと思う。最後に彼は「でも帰国したら、怒声に囲まれながら仕事するだろう。そういう意味でここでの勤務は楽しかったよ。またどこかで会うだろうから、そのときはよろしく！」と言った。「全く同感、こちらこそよろしく」と注意しながら握手した。

（※）指揮統制

米軍人の助けはいらない！

我々とほぼ同時期に帰国予定の某国LO（旧ソ連圏陸軍、私が最も仲良くしているLOの一人）が、「ブランクCD持ってたら分けてくれないか？」と言ってきた。

私：「いいよ、でも、今ここにはない。日本のコンテナに行けばあるけど、今すぐに必要なのか？」

某：「ウン、すぐに欲しいんだ。」

私：「だったら、スタッフの米軍の誰かに言えばくれるよ。」

某：「あいつらには借りを作りたくない。」

私：「じゃあ俺が必要ということにして、俺が借りてきてやるよ。」

某：「いや、いい、今から買いに行ってくる。この話は忘れてくれ。」

私：「分かった……」

結局彼は、パーティを途中で抜け出して、CDを買いに行った。

普段は私と一緒に米軍とも親しく話しているが、この時の彼の態度には「たったCD1枚でも米軍には借りを作りたくない。」という頑なさがあった。無理して自分を殺し、紳士的に振舞う彼の苦労を見る思いがした。

バグダッド日誌（2005年12月16日）

LO秘密会議に出席？

モンゴルLO（大佐）が私の所にコッソリ近寄ってきた。「今日の夕方日本コンテナにお前を迎えに行く。いいか？」何やら怪しい雰囲気がして「どうしたの？何かあったの？」と聞いても、「それは後から言う。夕方時間はあるか？」「いいけど……」「よし、1845にお前の所に行くから、待っててくれ」

約束の時間に大佐が来て、大佐のコンテナに連れて行かれる。ベッドと机の他は何もないコンテナに独りで住んでる。日本のコンテナが如何にすばらしいかこれを見ると分かる。「月に2~3回、ここかブルガリアか、ポーランドLOのコンテナに集まって、トランプやってるんだ。近々ブルガリアも帰国するから、今日はお前を呼んだ。帰る前にお前と一度ゆっくり話してみたいと言ってた。」という。（40過ぎたおっさんが集まってトランプもないだろ……「魔法の水」

でも出てくるのかな?)と期待しつつ、しばらくモンゴル大佐の部屋で雑談した。

ブルガリアLOのコンテナに行った。彼のコンテナもまた、ベッドの他はテレビどころか机すらない。衣装ケースをテーブルにして、いくらかのスナック菓子とソフトドリンクが準備されていた。(マジでジュースとトランプ?)と思いつつ、うれしそうに迎えてくれたブルガリアLOにお礼を言う。「時々夜こうして集まって、話してるんだ。お前もずっと誘いたかったが、今日になってしまった。帰る前にお前とゆっくり話しがしたかった。」とうれしくなるようなことを言う。しばらくして、ポーランドLOも来て4人がそろった。

イラクの現状認識、民主化の行方等についてそれぞれが勝手なことを話すうち、本当にトランプが始まった。モンゴルポーカー、ブルガリアとポーランドのゲームを説明してくれるが、ルールがよく分からない。「日本のゲームを教えろ。」と言われ、「オイチョ・カブ」を説明し、何度かやってみた。「日本人のトランプは難しい。」との感想だった。

結局「魔法の水」はなく、40過ぎのおっさん4人(3人がスキンヘッド)が、コーラ片手にトランプした(賭けなし)。なんとも面白い光景だった。トランプしながらも、イラク情勢、自国の歴史、日中韓の問題等々4人が自分の意見をそれぞれ話し、最後はモンゴル大佐が話をまとめる。そんな繰り返しであっという間に時間が過ぎた。まじめな話もしたが、最後は「下ネタ」になった。私が「この手の話は世界共通だな」というと、ブルガリアが「当たり前だろ。世界中のどの国にも、男と女しか住んでないんだから、この手の話をしない奴はいないよ。」

結局、4時間ほど「LO秘密会議」は続いた。彼の他には同胞も居らず、テレビも机もない部屋でブルガリアLOは、休暇も休日もなしに約1年ここで勤務した。時々近所のコンテナに住むLOが集まってトランプすることが彼の一番の楽しみだったと思うと少しかわいそうな気もする。

3人が「いつか日本に行きたいが、日本語は難しいからお前が案内してくれ。」という。「旅費は自分で出すならいいよ。」と言ったらとてもウケた。ほんとにいつか彼らが日本に来てくれたらきっと楽しいだろうと思う。これも、バグダッド勤務ならではの経験かと思う。オッサン4人の楽しいが少し寂しい「LO秘密会議」だった。

バグダッド日誌（2005年12月17日）

LO秘密会議（続編）

（凡例「モ」：モンゴル大佐、「ブ」：ブルガリアLO、「ポ」：ポーランドLO、「日」：私）

拝まれてみたい……

ブ：日本人の宗教って何だ？ お前は何教徒なんだ？

日：一言で答えにくいけど、俺は無宗教だ。でも、神様はいると思うし、先祖は仏式で祀っている。日本には神道と言うのがあって、昔からある日本の宗教だ。日本人の大半は神様を受け入れているが、神道教徒というのはあまりきかない。

ブ：神道というのは聞いたことがある。どんな神様なんだ？

日：詳しいことはよく分からないが、日本には800万の神様がいて、全てのことに感謝し、拝む（祈る）対象になる。

モ：日本人は外国文化でも宗教でも何でもいいものは受け入れる。神道は日本文化のいい例かもしれない。

ブ：800万も神様がいるのか？！　そんなにいたら覚えられないだろう？　信じられない？　お前は800万全部覚えているのか？

日：覚える必要はない。全てのものに神様が宿っているということなんだ。例えば、山の神、海の神、木の神等々がいて、全てのものに感謝しながら生活しているといったらわかるかな？　食事の時、日本人は「いただきます」と言って手を合わせるのが一般的マナーだ。（動作を加えて説明）キリスト教徒が食事前に祈るのと似たようなもので、食事ができることに感謝すると言うことだ（本当かな？　と思いつつ、自信たっぷり説明する。）

ブ：食事の時に感謝するのは分かるが、全てに感謝するというのは、おかしいじゃないか。だったら人も神様になるのか？　日本人は俺にも拝む（祈る）のか？

日：もちろん人は神ではないが、自分以外の人に感謝するということはある。例えば俺の母親は、お前のことを紹介して、バグダッドで色々助けてもらったと言ったら、拝みだすかもしれない。

ブ：フーン、でも拝まれたら困るな……。
ポ：（突然のように）それいいな！　じゃあ、お前は女房にこうやって（手を合わせながら）拝まれることがあるのか？
日：滅多にないよ。子供や女房に金を渡す時ぐらいかな？
ポ：俺は女房に「金くれ」と言っていつも拝んでいるけど、拝まれたことは全然ない。拝まれてみたいな。
モ：（頷きながら）そうだな、何かを頼む時は、やっぱり女房はどっちかと言うと怖いよな。
ポ：そうそう、怖い。金をもらう時は特に大変だ。俺が働いて、もらってくる金なのに。
日：日本人は比較的、女房が怖いという人は多いけど、お前達も怖いと思うなんてビックリした。
ブ：神道って便利いいな。

彼らが神道を正しく理解したかどうか非常に疑問ではある。私の説明を神主さんが聞いたら怒りだすかもしれない。神道とは関係ないが、４カ国（この４人）が女房を怖いと感じていることは共通していることのようだ。

バスラ日誌（２００５年１２月１８日）

今日１８日は、自分の誕生日であった。妻も私の誕生日を忘れ、当の本人も忘れ、いつもの通り勤務していると、同じ部屋で勤務する英陸軍少佐[※1]に隣の部屋に来いと言われ、行ってみることに。どこからともなくＪ９ＣＭＥ（旧ＣＩＭＩＣ）と日本隊のＬＯなど総勢１５名程が集まってきて、みんなでハッピーバースデイの歌を唱ってくれた。

これまで、いろいろとＭＮＤ[※2]（ＳＥ）やＪ９の中で嫌な思いをすることもあったが、何とかやってきて良かったと思う反面、この年になって誕生日を祝ってもらうのは、やや恥ずかしい思いもある。

心のこもったお祝いに今日は久々に胸が熱くなった。（しかしながら、妻への愛情がちょっと減ったのも事実である。）

（※1）民軍連携部（※2）多国籍師団（南東部）

バグダッド日誌（2005年12月19日）

カラオケがしたい……

先日、テレビを見ていると日本の音楽番組が始まった。番組の内容は、カラオケ演歌特集だった。色々な曲がかかっていたが、演歌を聴いている内にカラオケがしたくなった。と言うより、日本のいつもの飲み屋に行きたくなった。日本にいる時もそんなに頻繁に行っていたわけではないが、イラク派遣が始まった頃、毎日陸幕に泊まり込んで寝不足の頭を抱えながら、数名で夜中にカラオケに行ったことを思い出した。

多少忙しくても、電話で家族と話してもあまり感じなかったが、日本の演歌を聴いていて、そろそろ帰りたいな……と派遣以来初めて感じた。

バスラ日誌（2005年12月19日）

人は何かものを見る時には必ずなんらかの偏見（色めがね）を通して見ます。「某国人は陽気だ。」とか「某国人は働かない。」とか「日本人は礼儀正しくて働き者だ。」とか……。全ての例に当てはまる訳がないのに、「偏見」を元に過度に一般化してものを見がちです。

昨日、機会があって話をした英国人は、両親がアフリカから英国に移住（亡命？）してきた黒人で、一目見て英国人には見えません。典型的なアフリカ人です。一般的な英国人とは異なるアクセントで英語を話し、酒が好きだと言う28歳独身のシビリアン。仕事はいわゆる「賠担」をやっています。これだけの情報だと、この人物をどのようにイメージできるでしょうか？

彼は弁護士で、朝6時から昼食抜きで22時頃まで毎日勤務、我々よりもよほど危険な地域に出向いてトラブル解決に携わり(※)、戦力回復以外は休み一切無しという生活を送っているそうです。会話を通じて、彼が幅広い視野と問題意識を持った非常に知的な人物であるという印象を持ちました。

それは、私がこれまでしばしば外国人に対し抱き、バスラでの勤務を通じ強くしてきたイメージ（偏見）とは異なるものでした。恥ずかしながら、いつしか偏見でものを見るようになっていたと、反省させられた出会いでした。

（※）休暇

バグダッド日誌（2005年12月20日）

スキンヘッド　その後の状況2

トルコLO（空軍大尉）がスキンヘッド（剃りあげた）にした。今朝食堂で会った時、少し恥ずかしそうに近づいてきた。「どうしたの」と聞くと、トルコ国内では、天然の場合を除き、スキンヘッドは禁止されているが、ここでは適応外であり、以前からスキンヘッドにしたいと思っていたそうである。私がやったのを見て、決心したとのことであった。

頭の形がいいので、私よりずっとカッコイイ。コアリッション内のもう一人の「人工」スキンヘッド（ルーマニア陸軍中佐）と3人並んで写真を撮った。これは、笑える一枚になった。

奥さんの反応を聞いてみた。剃る前に電話で話したら、『やめろ』と言われたが、剃った後もう一度連絡したら、『伸ばしてから帰れ』と言われたらしい。どこの家族の反応も似たようなものだ。


売店で演舞……（ドラゴン）危機一髪！


キャンプ周辺にはいくつかのＰＸ(※)がある。そのうち最も大きなものが、キャンプ・リバティにある。そのＰＸに隣接して、イラク人が土産物を売る店を出している「バザール」がある。

昼食をたまにはいつもと違う食堂で食べようと誘われて、キャンプ・リバティに出かけてゆき、その帰りにＰＸに寄った。エル・サルバドルＬＯ（海軍中佐）に「お前に見せたいものがある。」と「バザール」に連れて行かれた。

彼が私に見せたかったものは「ヌンチャク」だった。「お前はこれが使えるか？」とブルース・リーのまねをしながら聞いてくる。子供の頃に通っていた空手道場で習ったと答えると、「見せろ」という。その会話を聞いていたイラク人の店員はすかさず私に「ヌンチャク」を手渡し、店内にいた米軍人達も興味ありげに寄ってきた。

(土産物として売られている「偽物」だし、混んでいる店内で周囲の人に怪我でもさせたら嫌だしなあ)と思ったところに、「日本人だからできるだろう。」と米軍の若い兵士が絶好のタイミングで言った。これを言われると弱い。(そもそも日本人だからヌンチャクができるというのは変な話だ。)断って「日本人なのにできない」と言われるのも癪にさわる。少しだけやってみた。みんな興味深げにみていた。

ここで調子に乗ってしまった。「こうやって振り回すだけなら、誰にでもできる。難しいのはこれを使って戦った場合、打撃した後、元のこの姿勢に戻るのが大変なんだ。これは偽物で短すぎるから使い物にならない。」と講釈をたれた。

私がやって見せたことで、米兵達が自分もやってみようとヌンチャクを手にしていたが、この一言の後、一斉に元に戻し始めた。ニコニコしながら見ていたイラク人の店員が何か言う前に、店を離れた。まさに「危機一髪」だった。

（※）売店

バグダッド日誌（2005年12月21日）

Happy Birthday ●●

今朝、事務所に行くと大佐が我々の部屋に入ってきた。次回訪問の調整をした。話が一段落したところで、大佐が「実はこれは秘密の話だが……」と切り出した。（何の話かな？）と思って聞いてみると、今日は、大佐の18回目（大佐自称）の誕生日だという。（時計は30年つかってるんじゃなかった？）

「それは秘密の話なんですか？」と聞くと、「ああ、秘密だ。」という。私は「分かりました。この部屋の中だけの秘密ということにしましょう。」といって、すぐに部屋にいる他のLO全員に「今日は大佐の18才の誕生日だが、これは秘密なので、部屋の外では言うな。」と紹介した。

みんなで「おめでとう」と祝福した。すると、既に何人かは知っていた。（どこが秘密なんだよ?!）エル・サルバドルLO（海軍中佐）は、既に今日の夜、会食を計画していた。
それぞれが自分の机に戻って仕事を始めると、大佐がまた近寄ってくる。「もう一つ秘密の話がある。」という。「何でしょう?」と私。「この時計はな……」と始まった。(出た～!もう何回聞いたか分からない……)今日は、気分が良かったのか、ヤマハのボート、ヤンマーのトラクターと話が続き、「日本製品がなぜこんなに性能がいいのかその『秘密』を教えろ」と最後まで話が進んだ。「その秘密は『本当の秘密』だから言えない」と答えた。

スシ食いたい!

コアリッション事務所長(伊空軍准将)の発案で、22日に各国の食べ物を持ち寄って、パーティが計画されている。准将自らイタリアの手料理を作るといって張り切っている。
今朝、准将と事務所前で行き会った。LO達も数名集まっている。准将が「22日はスシが出るんだろ?ここにいるみんなが楽しみにしているぞ」と言われた。(新鮮な魚がないのにどうやって寿司を作れと言うの?)と思いつつ、LO達に向かって「お前達、スシ食いたいのか?」と聞くと、一同そろって「食べた〜い」と脳天気な答え。「よし、分かった。食わしてやる」というと、LO達は単純に喜んでいる。さすがに准将は、「どうやって作るんだ?」と心配顔で聞いてくる。「明日は朝から、みんなでここの池で鯉釣りしましょう。それでスシ作りますよ」
これを聞いたLO達「エッ! ここの魚で作るの?」、「他にどこに生きた魚がいる?」と私。准将が「ここのは生では食えんだろう。」「もちろんです。」と私。「みんなが食べて、我々日本人は食べないですよ。ここではスシは無理だっていつも言ってるのに、わがまま言うから、1回食べてみればいいでしょう。」みんなおとなしくなった。

バグダッド日誌(2005年12月22日)

免許証で……

基地内の施設(パレス、食堂、ジム、各事務所等)に入るには、通常米軍が発行している身分証の提示が求められる。警備が厳しくなったり、警備部隊が交代した後などは、各国の身分証（自衛官証明証）の提示を求められることもある。

朝、事務所に行くと数名のLOが集まって話している。怒っているようなので、理由を聞いてみた。某LO1は、「今朝食堂に入る際、自国の身分証の提示を求められたが携行していないと答えたら、入れない。」と言われたといって怒っている。

別の某国LO2はそもそも身分証がないという。何のために米軍発行の身分証を持っているのか？俺の国の身分証を米軍は見たこともないのに、何で識別できるんだ？そもそも読めるのか？等々と東欧の国のLO達が怒っている。

自衛官証明証を見せろと言われ、何の疑問もなく見せていたが、言われてみればその通りだ。米兵に我々の身分証が識別できるわけがない。日本のはまだ英語が併記されているから、読むことはできるだろうが、その真贋を確認することは不可能だろう。ロシア語が読めない米兵に、東欧の国の身分証が識別できるはずもない。

某LO1は「そもそもあいつらは俺の国の名前を知らない。どこにあるかもどんな国なのかも知らない。何でそんな奴らに俺の国の身分証を見せる必要があるんだ。あいつらは俺たちを馬鹿にしている。」と怒りが収まらない。

私：「そんなに怒ってないで、免許証でも見せとけばいいじゃない。」

某ＬＯ１：「そうだな、それいいアイデアだ。」（満足げ）

私：「そうそう、それで見分けられれば、たいしたもんだとほめてやればいいよ。」

某ＬＯ２：「どうしよう……俺、国際免許証しかない……」

これ以上はかまわず、みんな机に戻っていった。

Happy Birthday ●●（その2）

昨夜、エル・サルバドルＬＯが計画した会食が予定通り実施された。

会食の最後に参加者それぞれが自国の言葉で「Happy Birthday」の歌を歌った。１０数カ国語で同じ歌を歌うというのは初めての経験だった。大佐もとても喜んで上機嫌だった。誰彼かまわず「この時計は……」を連発していた。

バグダッド日誌（2005年12月23日）

コアリッション・クリスマス

コアリッション事務所長（伊空准将）の発案で計画されたコアリッション・クリスマスが実施された。准将は自らイタリアン・パスタを料理された。我々も「ちらし寿司」を提供した。このほか、ヨルダン、イラク、韓国、ルーマニア（確認できたもののみ）の他、各国の料理がテーブルの上に、所狭しと並べられた。

日頃「スシ食わせろ」とうるさいLO達に「ちらし寿司」を説明した。彼らの「スシ」のイメージは、「にぎり寿司」である。従って、「ちらし寿司」の第一印象は、「何これ……?」という感じだった。「寿司」について、一通りの説明をし、油揚げ（追送品）に詰めて「いなり寿司」を作って食べてみせた。

准将手作りのパスタもとても美味しく、准将に「美味しいです」と言うと、「日本の『スシ』もすばらしい」との感想をいただいた。LO達の評価も上々で、最初こわごわ突いていた者達も、「ウマイ」を連発していた。

日本人5人は、全員陸幕から送っていただいた「はっぴ」を来て出席した。こちらも好評で「ジャパニーズ・キモノ」を着て、「サムライ」になったつもりの外人が記念写真を撮り合っていた。彼らにとって、「サムライ」のイメージは目がつり上がっているらしく、准将も目をつり上げて「ポーズ」をとっていた。最後に、英語（?）らしき歌詞カードが配られて、だれも意味も曲名も知らない「ラテン語」のミサのような歌を全員で合唱した。記憶に残るインターナショナルなクリスマスだった。

バスラ日誌（2005年12月23日）

我々の宿舎の前には、派手なクリスマス用の飾り付けがしてある。食堂にも大きなクリスマスツリーが置かれている。そして、明日からクリスマス関連の行事が始まる。本日の朝会議において、師団長は、「クリスマスではあるが、我々は作戦を実行中である。そのことを忘れないようにせよ」と浮かれないように釘を刺された。

J1／J4（※）部長（オーストラリア中佐）は、私にクリスマスプレゼントを準備しているという。明日、それを渡すが、25日の朝までは開けないようにと付け加えた。まるで、玉手箱のようだなと思い、浦島太郎の話を紹介した。25日の朝まで待てるかどうか心配である。

（※）総務部／後方補給部

バグダッド日誌（2005年12月25日）

戦場のメリー・クリスマス!?

我々にとって、海外で迎える初めての年末年始である。特に未だテロや、自爆攻撃等が継続する状況下において、米軍等キリスト教徒が大半を占めるイラク国内の基地で迎えるクリスマスは、もう二度とないと思う。

国民選挙が終了したが、その後も開票情報に伴い不安定な状況が続き、●●司令官が朝の作戦会議に出席されないことも多くなった。先日の23日の作戦会議では、報告が終了した後、「司令官コメント」というスライドが表示され、司令官がコメントされるが、この日は「サンタのコメント」というスライドが表示されるとともに、カメラにサンタが大写しになった。サンタに扮した誰かが真面目にコメントし始めた。▲▲では将兵が大喜びしていた。このサンタは誰だろうと思って、周りに聞いてみたが返ってきた答えは「サンタはサンタだよ。」みんな状況に入っていた。

24日の作戦会議でのこと、(今日もきっと何かあるだろう)と楽しみにして参加した。報告の最後に、その日一日の司令官の予定が報告されるが、「今日はサンタが訪問します。」と真面目に報告された。渋い顔していた司令官がこの時は「ニヤッ」と笑っていた。

日本での私の一般的なクリスマスの過ごし方は、24日の夜大騒ぎをしていた。多くの日本人は同じようなものだと思う。当然かもしれないが、彼らは24日よりも25日を大切にしているようである。25日は、教会で45分程度のミサが繰り返し実施され、それぞれに多くの将兵が参加している。勝手が分からずただそこにいたというだけだったが、私もクリスマス・ミサというものに生まれて初めて参加した。米軍等の各種行事は自衛隊のそれに比べると全てフランクに行われるが、教会での彼らの様子は、自衛隊の各種行事と同様まさに「神妙な」様子が印象的だった。

食堂内の様子も、24日の夕食時などは、（楽しみにしていた分）「こんなもの……?」という印象だった。一転して、25日は、聖歌隊が賛美歌を歌い、サンタクロースが登場し、ケーキ等の飾りが並び、nonアルコールのワインが配られる等、食堂内は我々のイメージどおりの雰囲気になった。

アメリカ在住の子供達からのクリスマスカードが食堂入口で配られていた。私も一枚もらった。12歳の女の子からの手紙だった。イラクにいる将兵の日々を心配し、感謝し、誇りに思っていることが丁寧な字で書かれていた。読んでいて感動し、チョット涙腺がゆるんだ。

（日本人の中年オヤジから返事が来たら嫌がるだろうか……?）と心配しつつも、少し敬虔な気持ちになって返事を書こうと思う。

バグダッド日誌（2005年12月26日）

日本人を知らないの?!

少し前の話しになるが、いつものように他国のLO数名と昼食をとっていた。そろそろ食事も終わり、席を立ちかけていた。すると、米軍(少佐)が「ヤア!ヤア!皆さん!」という感じで、我々のいるテーブルに座った。(誰の知り合いかな?)と思っていたら(後で聞くとLO全員が同じことを思っていた。)、一人一人に話しかけ始めた。

「あなたは、〇〇国人ですよね。〇〇国と言えば、××が有名ですよね?」とか、「あなたは、△△国からこられたのですか?△△国は、~~語も使いますよね?」等々、各国の特徴的なことを質問しながら、一人で話して一人で盛り上がっている。何となく(変なカンジ~……)という雰囲気が漂い始めた。既に帰国したが、ブルガリアLO(中佐)が「色々な国のことに詳しいね?」とややしらけた感じでお愛想を言った。

次に彼が話しかけたのは、私だった。「あなたはどこの国の人?」(意外な質問と思いつつ)「日本人だよ」と答えようとしたら、LO達が声をそろえて「彼は日本人だよ!」と答えてくれた。カザフスタンLO(空中佐)は、「米軍にも、日本人を知らない奴がいるのか？」と少し怒ったように言う。当の米軍人は、「まだ、ここに来たばかりで……」と言訳のように言っていた。

さっきほめたブルガリアＬＯが「行くぞ」と言ったのを合図にみんな席を立った。米軍人は「ＴＯＫＹＯは……」と何か言い始めたが、みんな無視するように歩いていった。私も、とりあえず、みんなについて行った。

食堂を出ると、他国のＬＯ達が「米軍のくせに、日本の国旗を知らないなんて、あいつはチョットおかしいな？」と言ってくれたことがとてもうれしかった。

バスラ日誌（2005年12月26日）

師団司令部の玄関ホールに、いろいろなポスターや写真が掲示されている。その中に、ＰｓｙＯｐｓ(※1)が作成した「石を投げるな」という2種類のポスターがある。

ひとつのポスターには、右手に何かを握って投げようとしている子供の写真が2枚掲載されている。その下に、「あなたは、石と手榴弾の見分けができますか?」「できないでしょう。MNF(※2)の兵士もできないんです」「危険を冒さないで」「兵士に投石しないで」「あなたの子供に安全を」と書かれている。

もうひとつには、子供が石を投げようとしている写真が1枚掲載されている。その下に、「面白そうに見えるけど、大変危険な遊びです!」「MNFの兵士がこれを見たら、瞬時に反応します」「命がけで遊ばないで!」とある。

(※1) 心理戦部隊　(※2) 多国籍軍

バグダッド日誌(2005年12月27日)

逃がした魚は……

パレス周辺の池の水はユーフラテス川から引いている。池にはフセイン時代から飼われていたと思われる鯉がたくさんいる。大きいのは、1mを超えるものもいる。池の周りには、米軍達が、ルアー(疑似餌)を使って釣っている。これでは絶対に鯉は釣れないが、彼らは気にしないのか平気で釣っている。

私も、整備日(日曜日)には時々つりをしている。先日も穏やかな気候だったので、久しぶりに釣りに行った。日本から送ってもらった練りエサと日本式の細い浮きを使って釣っていると、「それは何だ?」と聞いてくる。「ジャパニーズ・スペシャルさ」と答えると、見物人が集まり始める。この日は副司令官（伊少将）も「それは釣れるのか?」と聞きに来て、私の後ろから見ていた。

５０ｃｍ位のを3匹ほど立て続けにあげた。ビデオを撮り始めるのもいた。その後は、１０~２０ｃｍ位のが数匹続いた。これがいけなかった。その直後の「あたり」に合わせ（また、小さい奴だろう……）と一気にあげようとした。これまでにない引き……(でかい!)と思ったが遅かった。糸が切れ逃げられた。

悔しかった。この話を他国のＬＯにした。「きっと1ｍはあったと思う。」という私に、彼らは「イヤ、2ｍだろう」、「イヤイヤ3ｍあったかもしれない。」(こいつらからかってるな)と思っていると、カザフスタンＬＯが「でもそいつはまだ池で泳いでいるぞ……」と一言。カザフ版「逃がした魚は……泳いでる!」

バグダッド日誌（2006年1月1日）

残りわずか（?）となりましたが、
これからも一生懸命頑張ります。
今年もよろしくお願いします。
バグダッド連絡班一同

大晦日は、年越しそば
元旦は、おせち料理と餅で
日本気分を味わいました。

バグダッド日誌（2006年1月2日）

日本人との遭遇?!

　バグダッドで正月を迎えるにあたり、日本コンテナの入り口に、正月飾りと「謹賀新年」と朱書きした紙を貼った。通りを行く各国軍人が珍しそうに見ながら通り過ぎてゆく。

　夕方のこと、日本コンテナに米軍兵士(女性)が訪ねてきた。流暢な日本語で「日本語が書いてあるので来ました。」とうれしそうに話す。日系人か日本勤務のある米兵かと思い「日本語が上手ですね」というと「当然です。日本人ですから」との答え。これにはこちらの方が驚いた。彼女は、愛知県出身の純粋な日本人だが、様々な事情で今は米国籍を有する米軍人として、1ヶ月ほど前にイラクに来たという。残り11ヶ月バグダッド勤務をするそうだ。

　彼女も招待して、「紅白歌合戦」を見ながら、「年越しそば」を食べて新年を迎えた。日本にいる時には当然のことのように過ごす時間だが、ここではやはり感慨深いものがある。

　我々が数十年親しんだ一般的な「大晦日の過ごし方」は、「日本民族」として国籍や場所に関わりなく「心が落ち着く」時間であった。彼女のバグダッドでの無事を祈りたい。

元旦の風景

日々の作戦会議等は、元旦といえども全く普段と変わりなく実施された。クリスマスには「サンタのコメント」や「サンタの訪問予定」等のジョークもあったが、元日にはそういったものは全くなかった。

ＢＵＡ(※)の報告に先立ち、２００５年を振り返ってと言うアナウンスの後スライドショウが写された。２００５年の多国籍軍の活動を写真で紹介するものだったが、写される写真は「米軍」ばかりだった。私の近くにいる、英軍、ポーランド、伊軍の各ＬＯ達は白けた顔して、報告画面を見ず自分のパソコンの作業画面を見ている者が多かった。

基地内の各国将兵の様子や食堂のメニューや飾り付け等、普段と変わらない。キリスト教徒等の人たちは、元旦に特別な感慨を感じないように感じた。我々も、餅を焼いて食べた他は、これといって特別なことをしたわけではないが、やはり元旦はタダの月初めではなく、特別な意味があると思う。
（※）朝の指揮官報告

バグダッド日誌（2006年1月3日）

ゴミ区分

バグダッドでの生活ゴミ等は、基地内のあちらこちらに設置されているゴミ収集箱に捨てている。日本と異なり、全くゴミ区分がされていなかった。

年末頃から、食堂出口の食器等の収集場所のゴミ箱に区分がされ始めた。また、缶ゴミだけを区別するだけであるが、イラクを復興していく上では、必要かつ重要なことだと思う。

我々は、「CAN ONLY」と書かれれば、素直に指示に従ってゴミを分別するが、外国人達にはなかなか困難なことのようだ。

外人と一悶着

我々がいつも使っている食堂は、朝昼夜それぞれの食事が約3時間ずつ喫食時間がある。通常は、あまり混むことなく食事ができる。が、食事をとる際、後ろにどんなに人が並んでいようが、マイペースでのんびりしている外人をよく見かける。そんなに急いでいなくても、ついつい「何やってんだよ！」と感じることが多い。

昨日の夕食時、まるまる太った国籍不明のシビリアンが、後ろに長い列ができているのにも拘わらず、食事をとるための「はさみ」を片手に、列の先頭で立ち止まって話しをしている。

すぐ後ろにいた私は、しばらく待っていたが、彼が全く意に介することなく長々と話しをしているので、「ここで立ち話をしないで下さい。」と言った。

この外人「なんだと？ この野郎……黙ってろ！」と言った。私もつい「カッ！」となって、「じゃまだと言ったんだ。後ろを見てみろ、みんな待ってるぞ！ 話するならそこをどけ！」と言い返した。

何か言いたそうなそいつと話をしていた外人が「すまん！ あなたの言うとおりだ」と彼を引っ張って道をあけた。当人は殴りかかりそうな雰囲気でこっちをにらんでいる。見るからに憎らしげな顔をしている。（ケンカになったら、日本人の意地にかけて、こんなデブに負けられない）と思いつつ、道を空けてくれた彼の連れに対して「ありがとう」とだけ言った。

この話をLO仲間にした。某国中佐は「そう言う時は、拳銃を抜く準備をした方がいいゾ。相手は抜くかもしれないから注意しろ。」とのことだった。本気かウソかは別にして、反省することしきりである。

この手のマナーの悪いシビリアンと列を作ることを知らないイラク人が目につく。ついつい何か言いたくなるが、自分が悪いと思っていない奴には何を言っても無駄のようだ。正月早々、あまりいい気分はしなかった。

バグダッド日誌（2006年1月4日）

ニコチンガムの薦め！

バグダッドの司令部においても、喫煙所が定められ、指定の場所以外での喫煙は基本的に禁止されている。ナショナルLOが勤務するコアリッション事務所でも、事務所の入り口付近に「喫煙所」が設けられている。

各国ＬＯ１２名、所長以下のスタッフ１２名の内、喫煙者は事務所長の●●以下８名とやはり少ない。とはいえ、やはり喫煙間というのは無駄話を含めて、情報収集のいい機会でもある。准将は、「イタリアのたばこを試してみるか？」と気さくに話しかけてくれる。我々もたばこを吸うついでに、仕事の話をすることもできるいい機会である。

昨年暮れ、髪の毛を伸ばし始めるのと同時に、たばこを吸うのを「やめた。」（決して禁煙ではない。）吸わなくなって、既に約１０日くらいになる。しばらく、他の日本人ＬＯにも、他国のＬＯ達にも言わなかった。

先日、准将が「たばこを吸いに行こう。」とＬＯ達を誘いに来た。私にも直接声をかけてくれた。「ありがとうございます。でも実は、最近吸ってないんです。」と答えた。

話を聞いていたＬＯ達の反応は予想以上にすごかった。喫煙者からは「体に悪いから、（禁煙は）やめろ」、「絶対にやめられないから、無駄なことはするな」、「俺は禁煙だけはしない。だからお前もするな。」等と訳の分からない理屈を並べられた。非喫煙者からは「体にいいから（禁煙を）続けろ」、「良かった。良かった。」、「アメ食うか、バナナもあるぞ」等々と言いながら、みんな席を立って准将と私のそばに集まってきた。

准将は「何でやめたんだ？」と聞いてくる。私は「特に理由はありません。吸うのをやめただけです。今はこれをやってます。」と（米軍のPXで買った）ニコチンガムを見せた。みんなが珍しそうに見ている。実はこのガムに興味をそそられ、吸わなくなったと言うのが本音である。このガム結構効果があるようで、今のところそんなに辛い思いはしていない。

それ以来、准将は私と会うたびに、「今日も吸ってないのか？」、「スペシャル・ガムをかんでるのか？」と聞いてくれる。LO達も「今日も続いているのか？」と挨拶代わりに聞いてくる。ここまで大げさには考えていなかったが、すっかり「禁煙ムード」になってしまい、今更吸うのはチョット恥ずかしい気持ちがする。

今朝、准将と会った時、「たばこを吸わなくても、ニコチンガムばかりかんでいたら、一日中たばこを吸ってるのと同じで、かえって体に良くないんじゃないのか?」と厳しいご指摘があった。

「これからは、ガムの数を減らします。」と答えた。

バグダッド日誌（2006年1月7日）

新着任者は……

日本コンテナとシャワーへ行く道路には、チョットした「段差」がある。私や●●でも自転車で軽く超えられる程度でたいしたものではない。

ある日、コンテナを出たところで、自転車に乗った米兵がこちらに向かってくるのが見えた。黒人の米兵で見るからに精悍そうであった。（米国のプロバスケットリーグ、アメフトリーグで活躍する黒人選手は、彼のような雰囲気なんだろうな……）などと思いながら、彼の様子を見ていた。

するとこの米兵、その「段差」のところで見事に転んだ。近寄って起きあがるのを助けてあげた。彼は自分でもよほど恥ずかしかったのか「いやぁ、まだ来たばっかりなもんで……」などと訳の分からない言訳を始めた。

真偽は別として、新着任者は転びやすいそうである。5次要員の皆さんも気をつけてください。転んで恥ずかしい思いをしたら「いやぁ、まだ来たばっかりなもんで……」をお勧めします。外人はきっと助けてくれる……と思います。

バグダッド日誌（2006年1月10日）

「基礎動作の確行」

自衛隊において「基礎動作の確行」が大事な事は誰もが知っているが、米陸軍においても同じである。

さて、各国の高官等が来訪する場合、来訪ギリギリの日時に「曹長meeting」において発表するのが通例となっているので、情報提供を来訪当日に行った。

「陸上自衛隊の第8師団長が本日午後から明日までの間、バグダッドに来訪されます。もし将軍に会った場合、「オス！」と言ってください。「オス」とは、米陸軍の「HOOAH!（フーア）」と同じで挨拶する時の言葉ですので、将軍も喜ばれると思います」と言ったところ反響が大きく、初めてその事を聞いた曹長などは、meeting の終始を通じて「オス、オス」と言ってくれていた。

米軍の曹長を通じての情報伝達の確行という点では、師団長の滞在間次のような状況であった。

空港に師団長を迎えに行った時に「オス！」

宿泊場所に案内した時に「オス！」

表敬場所に案内した時に「オス！」

夕食後の暗闇で通りすがりの車の中から「オス！」

魚釣りをしている米兵が　竿を持ちながら「オス！」

あまりにも「オス、オス」言われるので、流石の師国長もビックリされていた。

米陸軍の情報伝達スピードと徹底ぶりにビックリさせられた。

カレンダー

バグダッド日誌（2006年1月13日）

サマーワからいただいた自衛隊カレンダーをコアリッション事務所の自分の机の側にはった。各国LOがすぐ寄って来た。1枚1枚めくって装備品を確認している。陸海空そろった各国LOが興味深そうに質問してくる。陸上装備に関する質問には答えられるが、海空装備品についてはどうも怪しい。

モンゴル大佐がすかさず「お前はLO統幕じゃなかったっけ？ 海空のことを知らなくていいのか？」という。（おっしゃるとおり……）と思いつつ、「海空のことは海空のスタッフがいるから大丈夫」と苦しい言訳をしつつ、「俺はこの子がかわいいと思うけど、お前達はどう思う？」と女性隊員の写真に話題をすり替えた。

自分たちのバグダッド出発予定日に赤丸をつけた。「この丸なんだ？」とカザフスタンが聞く。「俺たちの出発予定日」と答えると、エル・サルバドル、カザフスタン、モンゴルも「俺はここ」、「俺はこのあたり」とカレンダーの1枚目を見ながら騒いでいた。まだここに来て日の浅い、ボスニア、ルーマニア、マケドニアや私より前からいるグルジアのLOたちが「カレンダーの1枚目に帰る日がある奴らはいいよなァ……」、私が「その時になったら、言えばいいよ。

いつでも印を付けてくれ」と言うと、「その時になったらな……」みんな帰る日が待ち遠しいのは同じようだ。

自衛隊カレンダー1枚で彼らとこんな風に騒げるのも、残りわずかになった。うれしいような寂しいような……

バグダッド日誌（2006年1月14日）

5次要員、バグダッド到着

昨夕、5次要員がバグダッドに到着した。先日来の雨の影響が残り、あちこちに水たまりやぬかるみが残っている。朝夕は、10度以下に気温が下がる。申し送り期間中、4、5次の要員全員が健康状態を良好なまま維持できるように気をつけたいと思う。

日本隊として、レンタカー1台を常に保有しているが、一人あたり3個のコンテナとバックや装備品を運ぶとなると車が足りない。コアリッションから2台借りてもまだ足りない。エル・サルバドルLO（海軍大佐（1月1日昇任））が、

「俺もいってやるよ」と自ら運転して輸送支援に来てくれた。大佐を車ごと借りて5次要員の装備品を輸送した。

5次要員を迎え、我々が当地についた日のことを思い出した。我々は砂嵐の影響で航空機が遅れ、夜中の23時過ぎに到着した。50度を超す気温の中、日陰もないムバラク空軍基地で13時間も待たされ、干物のようになりながら当地に到着した事がつい昨日のことのように思い出される。暑さと砂埃の中、6ヶ月の勤務に不安を感じたのは私だけではなかったと思う。5次要員も寒さと泥の中、同じように不安を持っているのだろう。

今朝から、申し送りを開始した。各国LO達のみならず、米軍スタッフや豪州等関係者が、「お前の交代者をいつ紹介してくれるんだ?」と声をかけてくる。バグダッドに来た当初は、仕事や環境に不安を持っていることを彼らも理解しているから、「何か手伝うことはないか」、「分からないことがあったら、いつでも聞いてくれ」とエル・サルバドルの大佐同様に嬉しいことをいってくれる。

バグダッド日誌（２００６年１月１８日）

ＭＮＣ―Ｉ（※）司令官●●送別会

交代に伴い帰国を目前に控えた●●の送別会が昨夕実施された。

（※）多国籍軍（米英豪）

送別会番外編

会の中で、カザフスタンＬＯと私が話をしていると、着任間もない英国少佐が話しかけてきた。それぞれの国の派遣部隊規模、活動地域を聞いてきた。私が答え、カザフが答えた。（▲▲に■■名、バグダッドに▼▼名という小規模の部隊を派遣している。）英国人少佐は、（そんなに少ないの？）という表情をした。カザフは特に英米からそんな風に言われるのが、気に入らない。（凡例「英」：英国少佐、「カ」：カザフスタンＬＯ、「日」：日本人ＬＯ）

日：「カザフスタンがなぜ、▼▼名しかバグダッドにいないか知ってるか？」

英：「知らない」
日：「日本人はここに5人いるけど、彼は一人でも俺達5人分と同じくらい強いんだよ！」
カ：（私にウィンクしながら）「そうでもないけど……」
英：「▲▲にいるカザフの部隊も強いから、少なくていいわけだ！」
日：「そうそう。彼らは強いんだよ。」
英：「だから米軍は、あんなにたくさん必要なんだ！」（口に人差し指を当てて「シーッ！」というポーズ）
一同大笑い。英米関係も色々複雑のようだ。

バグダッド日誌（2006年1月19日）

●●一大事！
休暇のため一時帰国していた●●が復帰した。早速、後任者を連れて挨拶にいった。後任者を紹介するとともに、私の帰国予定について報告した。

大佐のいつものせりふが出てこないので、私の方から「ご自慢の腕時計」は元気か聞いてみた。後任者にも見せて欲しいと言ったところ、休暇間に壊れたらしい。壊れてしまった腕時計をポケットから大事そうに取り出し、「なぜか判らんが、このつまみ（時刻を合わせるつまみ）がとれたんだ。」

大佐の「得意の一言」が言えなくなった！「これは一大事じゃないですか！」というと、「そうなんだ。今度『セイコー』に送って修理してもらう。30年使ってきて初めて修理にだすよ。」と話す大佐の左腕には私同様安物のデジタルウォッチがあった。

大佐が「一緒に写真を撮ろう！」と誘ってきた。大佐が一緒に取りたかったのは、修理前の時計のようで私に時計を手渡してきた。壊れてしまった「ご自慢の時計」、大佐も時計もどこか寂しそうな写真になった。

バスラ日誌（2006年1月26日）

師団司令部と居住区の間の移動は、基地内の循環バスか徒歩である。バスは2台が運行しており概ね10分から15分おきに来る。徒歩の場合には、約15分かかるので、バスがいない時には歩くかバスを待つか迷ってしまう。忙しい時には、バスを待っていて遅れてはいけないので、徒歩を選択する。ところが、必ずと言っていいほど、目的地の近くでバスに抜かれてしまうので、非常にくやしい。

食事は居住区でしかとれないので、1日に最低3往復はしなければならず、●●（▲▲）1Km近くを毎日何回か歩くと、かなりいい運動になる。今は気温が低いので耐えられるが、暑くなってきたら昼食は抜こうかなと、筋肉痛と足つりに悩まされながら考えている。

バグダッド日誌（2006年1月28日）

多国籍軍情報部C2勤務

コアリションC2勤務には、デイシフトとナイトシフトがある。0700から1900そして1900から0700と昼夜間を徹してコアリション幕僚として情報収集するのだ。幕僚はコアリションの国々から大尉、少佐クラスが勤務しており、国際色豊かな勤務場所だ。

情勢は常に動いており、当然土日もなく下番したら泥のように眠りまた上番するという厳しい任務であるが、その中にもハッとするような新鮮な驚き、そして楽しみを見つけることもできる。

デイとナイトでは、そのメンバーも入れ替わりそれぞれの雰囲気も違うようだ。

私の勤務するナイトシフトでは、デイに比べて議論の好きな軍人が多いようだ。私の隣に座っているマケドニアの少佐は、マケドニア国内反政府ゲリラ掃討では常に第一線で指揮していたという鬼瓦のような怖い顔をした大男だ。しかし、この鬼瓦少佐は顔に似合わず話し好きでもある。少佐のゲリラ掃討における経験談は、実戦ゆえに興味ごとが多い。

以下はある日の会話である。

私：遠くで銃声がしたとき、それが訓練のものであるか実戦であるかを判断することはできるか？

鬼瓦少佐：簡単だ。

私：それは？

鬼瓦少佐：第1には、緊張感が違う。

私：（噴出しそうになりながら）なるほど。

鬼瓦少佐：第2には、違う火器の銃声が混じることだ。

この第2は感心した。なるほどそのとおりだ。私たちの中で遠方で銃声がしたとき64小銃と89小銃の違いを何人が識別できるだろうか。ましてこれが外国の武器であったらお手上げではないだろうか。

鬼瓦少佐の言うことには、銃声から敵が所持する武器を識別するのは、当然のことであるという。

私が、平和な日本からきたゆえに、考えさせられる言葉であった。

私の隣が、女性であったらナイトシフトがもっと明るくなるのに、と叶わぬことを思いながら今夜も1900に鬼瓦少佐が待つ職場に向かう。

バスラ日誌（2006年2月3日）

昨日サマワにおいて、MND（SE）師団長●●から、第8次群8名の方々が表彰を受けた。師団内各部隊では、0.1%に満たない受賞率であるので、大変名誉なことであると思う。第8次群の成果を代表して受賞された皆様には、心からおめでとうございますと申し上げたい。私も師団長ご一行様に随行し、初めてサマワに行くことができた。なつかしい顔、顔、顔。いい年をしていながら、シャイな私は、あまり大袈裟には表現できなかったが、とてもうれしく、とてもリラックスできた。（お風呂に入れなかったのは残念だけど。）

バグダッド日誌（2006年2月4日）

ライフ・ラインのありがたさ

バグダッドは昨日から雨風が激しく、この影響で停電が続いている。昨日は朝6時から午後2時まで、夜は8時頃から停電し、未だ復旧していない。日本コンテナのとなりにある米軍のプレハブは、屋根が吹き飛び、机、椅子、本棚等を暴風雨の中運びだしていた。

日本コンテナはオーストラリア連絡幹部をして「ハイテク・アーマー・ボックス」と言わしめるほど充実しており、屋根が飛ぶ等の心配は全くない。停電中も日本コンテナ専用の発電機を利用して通信を確保できる状態になっている。他国の連絡幹部が「お手上げ！」状態のなかでも最低限の業務ができる環境は、本当に有り難い。

しかしハイテク・ボックスにも弱点はある。日本コンテナはその気密性の良さから、常に換気扇をまわす必要があり、室内の二酸化炭素が多くなるとセンサーが反応し、警告音を鳴らす仕組みになっている。しかし、停電となると通信機器の電力確保が精一杯で、エアコン、換気扇はもちろん二酸化炭素警告センサーさえも使用できない。ドアを少し開け、部屋を換気する必要がある。バグダッドとはいえ、この時期は夜になると冷え込み2~3℃くらいまでさがる。

運の悪いことに夕食後コンテナに戻る途中に大雨となり、濡れ鼠となってしまった●●が、部屋に戻った時は既に停電し、震える夜を過ごすこととなった。

ナイトシフトの▲▲は、勤務前にシャワーを浴びるため田んぼの様になった道を暴風雨の中歩いていった。しかし断水のためシャワーは使えず、結局泥だらけになって帰ってくるしかなかった。

バグダッド市内は通電時間が平常でも4時間~6時間しかなく、水不足は常態だ。キャンプ・ビクトリーでは、停電しても司令部、食堂の電力は常に確保しているため、業務に支障はなく、暖かい食事がとれ、飲み水は十分に確保してある。それでも停電、断水の間は、大変な不便を感じる。バグダッド市民が停電、水不足に耐え復興を待ち望んでいる気持ちを実感できた。また、この停電が真夏に発生したらと思うと、イラク国民のフラストレーションが特に夏に高まるのも分かる気がする。

バグダッド日誌（2006年2月5日）

鬼瓦少佐考

コアリション情報部Ｃ２の私の隣には、鬼瓦少佐（マケドニア内戦を中隊長で歴戦）が座っている。風貌は新選組局長の近藤勇を更に怖くしたようであり、身長１９０ｃｍ以上体重は１００キロを越えるが締まったその身体は、Ｋ—１選手を思い起こさせる大男だ。私はこちらに来てすぐ、鬼瓦少佐（Major ONIGAWARA）と命名し、普段でもそう呼んでいた。今では、すっかり仲の良い同僚だが、先日、〝ONIGAWARA〟とはどういう意味かと訊ねてきたので、それは〝勇気（BRAVERY）〟という日本語だと教えた。それ以来、自分でもすっかり気に入って〝I am ONIGAWARA〟などと皆に言っている。

情報部に勤務する日本人は、私と●●だけなので当分大丈夫であろう。

ナイトシフト

ナイトシフトをしていて夜中の2時ころ睡魔が襲う時間帯がある。その時は、私は宮殿東口から外のテラスに出て新鮮な空気を吸うようにしている。外に出ると静寂が広がる宮殿前の鏡のような湖面には、下弦の月が映り、空には猟師のオリオン座がそして大犬座が双子座が、自分たちの存在を誇示しているように輝いている。この息を呑むほど美しい光景を見る時が、疲れた身体への一服の清涼剤だ。そしてアラビアンナイトの世界を独り占めできるナイトシフトに小さな楽しみを見出している自分を発見する。

バスラ日誌（2006年2月5日）

休憩中、タバコを吸いながらルーマニアの中佐の方と話しているとルーマニアはほとんどの人がカトリックであり、妻からお守りとして聖人の絵の書いたカードをもらっていると誇らしげに話した。私も負けずに誇らしげに妻からもらったお守りを見せると、珍しそうに見るやお守りに書いてある字について興味を持ち「何と書いてあるんだ?」と聞いてきた。私は「それは神社の名前だ」と答えると、彼は驚き、「自分のカードには教会の名前が書いていない」と落胆した。国は違うが、お守りを持っているんだと感心したと同時に、何だか自分のお守りがすぐれているように感じた、休憩中のひとときでした。

バグダッド日誌（2006年2月6日）

アメリカン・フットボール

アメリカン・フットボールのチャンピオンシップを決める「スーパー・ボール」がイラク時間の朝4時から実施された。このため、最近の米軍との調整は、まずアメフトの話題からはじまるのが通例となっており、今日は、結果に関する話題で調整にならない程であった。

スーパーボールは、アメリカ人にとっては、「特別のイベント」のようでその熱狂ぶりはすごかった。昨日のケーシ大将に対するモーニング・レポートの情報要約は、まず「スーパー・ボール予想」が報告され、報告会場が大爆笑となっていた。また、本日のモーニング・レポートは通常7時30分から開始するところ、「スーパー・ボール」のため9時からの報告となった。また、本日の夜にはライブで見れなかった人のためにビデオ上映を実施することになっている。

しかしながら、米軍の熱狂とは対照的に英、豪軍等コアリションの冷ややかな態度が印象的だった。

バスラ日誌（2006年2月6日）

居住区の維持管理には、現地雇用のアラブ人や南アジア系の人々が数多く携わっている。食堂担当の人達とは、日本隊のさよならパーティ以来仲良くなったが、最近では清掃担当の人達ともお近づきになってきた。昨日は、その中の1人が笑顔で近づいてきたので、しばらく話をした。「ヤバングッド」と言うのでありがとうと返すと、タバコを忘れたらしい仕草をするのでタバコをプレゼントした。すると靴が古くなったと言っているので、靴はあげられないと言う。

次は、いい時計だと言っているみたいなので、1つしかないからあげられないと言う。また、250ディナール紙幣をだして5ドルでいいと言うから、ドルは今持っていないと返事をした。持っている人が、持っていない人に分け与えるのがイスラムの教えだと聞いた。もらった人は、神には感謝するが、持っている人が分けるのは当たり前だと考えるとも聞いた。英軍、伊軍、ルーマニア軍の将校から、イラクでは彼らのためにどんなに活動しても感謝されることはなく、要求は際限ないという嘆きもよく聞く。数千年の文化が、たった2年で変わるはずはないのかもしれない。しかし、日本人にだって終戦当時、苦しい時代があったのだ。やはり、豊かさが必要なのだと思う。石油だけではなく、もともと豊かな国であったイラクが元の姿に戻る日が早く来ればいいと思う。

バグダッド日誌（2006年2月7日）

トレーニング休憩

私が勤務しているオフィスには、モンゴル、ポーランド、カザフスタン、エルサルバドル等13カ国がコアリションと自国の連絡調整のため勤務している。オフィス内は当然禁煙でそれぞれの連絡幹部は外に煙草を吸いに行く。私は煙草を吸わないため休憩時の輪に入ることはなかった。

しかしながら、1週間ほど前から休憩所の近くにベンチプレス、スクワット、ダンベル等のトレーニングセットが設置された。そこで私は業務が煮詰まってくるとベンチプレス、腹筋等トレーニングをしはじめた。すると他国の煙草を吸っていた連絡幹部もトレーニングの輪に加わりはじめた。今はコアリション連絡幹部全員が朝、夕の2回のトレーニング休憩を楽しんでいる。約10分ほどのトレーニング休憩で頭をリフレッシュさせ、話もはずみ、健康にも良い一石三鳥の効果がある。

さらに休憩所近くに所在するMNC—C9の事務所の米軍もあつまって休憩場はなかなか壮観な光景となっている。三日坊主にならない様に頑張りたい。

バスラ日誌（2006年2月10日）

本日会計会議に出席した。淡々と説明があり各国の割り当てが示された。日本隊の分については、事前にサマワに報告し、了承を得ていたので特に問題はなかったが、某国代表から、車両の維持費について分担するのはおかしいと異議が出された。会議後も、中庭で某2カ国代表が、我々は車を使用したことがなく、分担金を払うのはおかしいと熱くなっている。「2、3日前の大雨の日も居住区に濡れながら帰ったが、その横を英軍の下士官がいい車に乗って素通りして行った。なぜ、車代を払わなければいけないのか」と怒っている。司令部の維持費として分担していると説明があったと思うと答えたが、納得できないようなのであとは聞き役に徹して怒りが冷めるのを待った。かなり怒っていた。

バグダッド日誌（2006年2月11日）

イラクでアメリカの生活を可能にする●●

昨日、米軍は陸軍の部隊交代の際に全ての装備も入れ替えることを述べたが、米軍の物量作戦には驚かされることが多い。

日常生活においてもアメリカでの生活になるべく近づけようと努力している。日常生活、厚生面については、（●●という米軍の労務、役務を一手に引き受けている民間会社）が担当し、食堂、宿泊施設、ＰＸ、洗濯、清掃、ゴミ、シャワー等々、あらゆる面で我々の生活を支えている。

食堂は主にインド人を雇用して調理、配食（バッフェスタイル）、残飯捨て等を実施させている。メニューは豊富でついつい採りすぎてしまう。またオーダー・コーナーに行けば、朝はオムレツ、昼夜はハンバーガー、焼きそばのようなものを目の前で調理してくれる。またサーティー・ワン・アイスクリームも食べ放題である。

宿泊施設は、階級ごとに作りは若干異なるが、大佐以上は８畳程度の大きさのプレハブに１人、幹部は２人、軍曹は３人▲▲で宿泊しており、シャワー・トイレは共同である。シャワーは２４時間使用できるが水は貴重なためコンバット・シャワー（５分以内のシャワー）が義務づけられている。（日本隊は、日本から送られた対弾用コンテナ（事務所兼用）で宿泊、このためトイレシャワーは遠い）

体育館は、市ヶ谷・住友ビルのスポーツクラブの10倍はある規模の器具が設置されており、また新しく対弾用ジムを建築中である。GYMに行く際も、ID、武器は携行する。また、あまり使用されていないそうだが屋外プールも一応ある。

PXは、各キャンプに体育館のような大きさのものが1～2あり、隣接してピザ・ハット、スターバックスのようなコーヒー・ショップ、サブ・ウエイ（サンドイッチ）、現地おみやげ店等がある。食堂が発達しているにも拘わらずファースト・フード店が結構はやっている。

洗濯は、主にフィリピン人が雇用されており、布製の洗濯袋にいれて出せば、約2日後、畳んだ状態で出来上がってくる。もちろん個人がお金を払う必要はない。

掃除は、ヒスパニック系の人が多く、司令部のフロアからトイレにいたるまで綺麗に清掃している。先日の嵐で倒れた木等も翌日にはすべて片づけられていた。

その他、レンタカーショップが3軒、映画館があり、驚くべきことにディスコまである。ディスコは毎週金曜夜に開いており戦闘服、武器携行、アルコール類は一切なしであるが、若い隊員であふれているそうである。
●●は、「民間でできることは民間で。」を体現している。

バグダッド日誌（２００６年２月１３日）

バグダッド連絡班それぞれの充実

食堂に毎週日曜日２１００から「サンボ（ロシアの柔道）・ジュージュツ」の練習をしているとの案内があったため、柔道に心得のある私は、喜び勇んで柔道着を携えジムに行ってみた。しかしながら、２００ｃｍぐらい身長ある米兵一人が鏡の前で座禅を組んでいただけで、練習は実施していなかった。柔道との異種格闘技練習は実現せず、次の機会にトライしたい。
●●は、多国籍軍の情報スタッフとして朝7時〜夜7時のデイ・シフトで勤務しているが、忙しい勤務期間の合間を縫って夜１０時頃からジムで体を動かしシェイプアップに心がけている。
▲▲は、空手道を長年修行しており、日本コンテナ裏に廃材により巻藁を作

成し、出勤前の零細時間を活用して稽古している。彼は日本から杉板を試割用に持参しており披露する機会をうかがっている。

■■は、ここバグダッドでは射撃訓練ができないため、射撃予習のみでは飽きたらずに自ら的を作成してモデルガンによる射撃訓練を実施している。

▼▼は、米軍との音楽バンド練習に初参加した。食堂でバンドの演奏を披露する日もそう遠くないのでは……。乞うご期待！

こちらは、それぞれが慌ただしい中にも充実した毎日を送っております。

バスラ日誌（2006年2月14日）

英国人は見知らぬ人に自ら話しかけて近づこうとは絶対にしない、と本に書いてあったことは紹介した。確かに最初は、挨拶をしても無視されることが多かった。日本隊(※)POLADの●●がこちらにこられた時も、すぐにそういう感想をもらされていた。そういうところが、誤解されたり、嫌われたりする原因の1つなのだろう。先日会計会議で車代の分担を怒っていた某2カ国代表を含む他国の人達は、英国人が嫌いらしく、周りを見回して確認した後、英国人の悪口をかなり言っている。鼻の下に指を横に当てて、持ち上げるしぐさをし、英国人は偉そうにしていると言う。私は、小心者なので、1度挨拶を返してくれた人から次に無視されたりすると、何か悪いことしたかなっと心配になったりするが、大方の他国人は、そういう態度を「傲慢だ」ととるようである。ただ、一見冷たく感じられる人達も、職務上の対応は誠実で、親切だと思う。なかなか人間関係は難しいものだ。

（※）政治顧問

バグダッド日誌（2006年2月20日）

通信器材到着

トリノ・オリンピックに関しては、テレビのニュースによりオリンピックの結果のみ確認できるが、衛星テレビ自体がオリンピックの放映権をもっていないためタイムリーな日本人の活躍が確認できなかった。[redacted]の復旧によりインターネットが確認できるようになり皆で大変喜んでいます。韓国ＬＯがメダルラッシュで沸いているので、日本も一矢報いて欲しい。「頑張れ！日本！」（バグダッド連絡班一同）

バグダッド日誌（２００６年２月２１日）

その砂漠迷彩は陸軍でしょう？

４次隊は喫煙家ばかりであり、申し受け期間、コンテナ内での喫煙だった。最近日本ではできなくなったくわえタバコでの書類作成、夢の勤務である。４次隊が帰った瞬間、班長にコンテナから追い出された。「喫煙中砲弾に当たって死んだらどうするんですか」との問いに「俺が肺ガンで死んだらどうするんだ」といわれコンクリート塀とコンテナの隙間での喫煙となった。しかし、この外での喫煙により道行く諸外国の方々との会話の機会を多く獲得することができた。「タバコ辞めろ」の班長の指導にフレンドシップを理由に喫煙を続ける。

バスラ日誌（2006年2月24日）

先日、MND（SE）J3[※]のメンバーで記念撮影をした。MND（SE）内は撮影が禁止されている場所が多いためか、なかなか写真を撮る機会がない。これがバスラLOの最初で最後の1枚にならないようにデジタルカメラを常に携行したい。

（※）作戦運用部

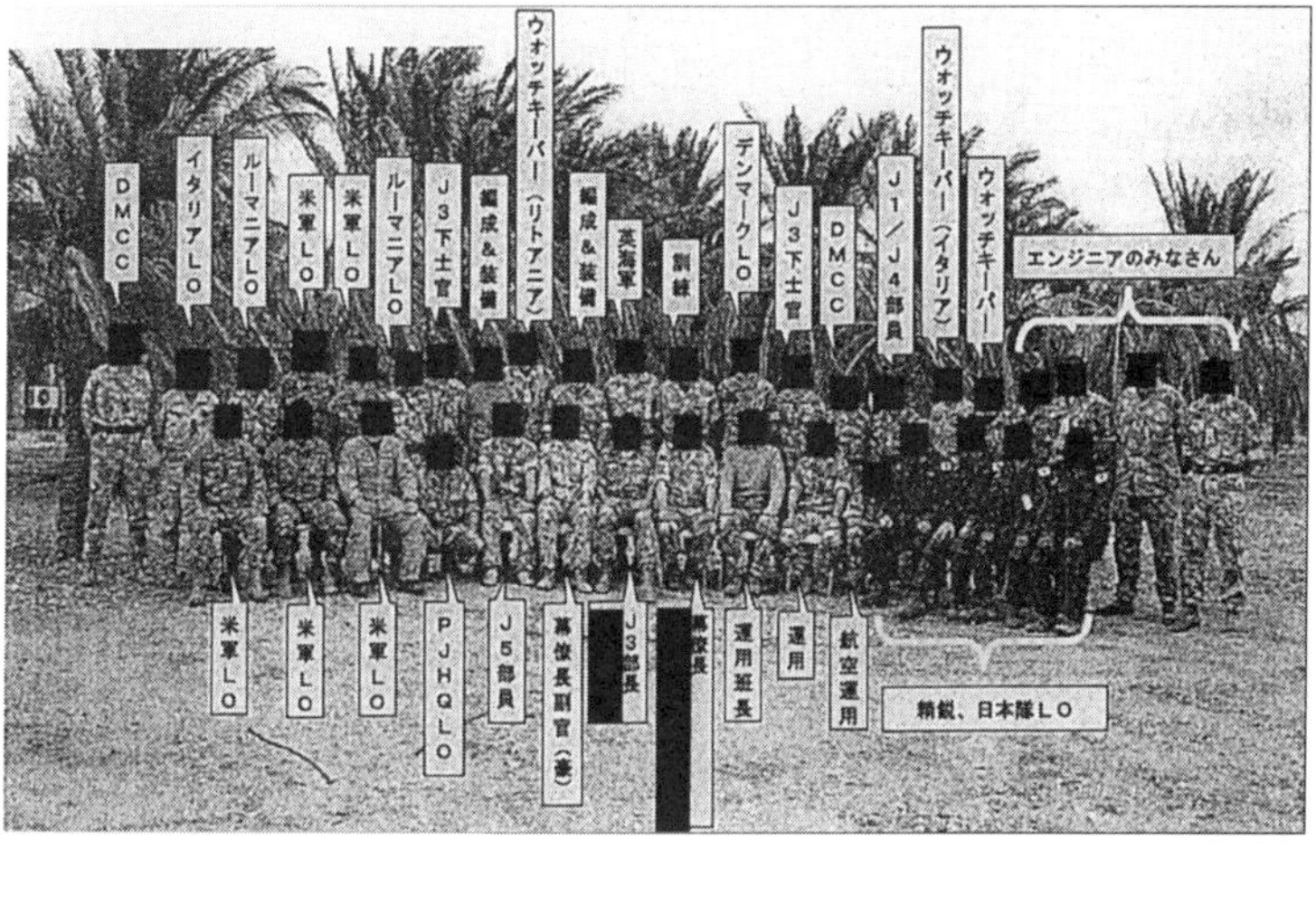

バグダット日誌（2006年2月25日）

五寸釘正拳打ち込み

私は、五寸釘を正拳で木に打ち込むことができる。カナヅチでやった方が早いという人がいるが、全くそのとおりである。しかし素手で実施することに意味があるかと思えば、全く意味もない。ただ30年間、愚直に武道の修行をしていたら、いつの間にかできるようになった。しかし多国籍軍司令部には、この話を信じない者が多い。もし文化交流などの機会があったら、演武をして見せたいと思う。

消費見積

出国前の情報収集により判明したこと、①垢擦りを持って行け②アメリカのシャンプーは泡立たない③長靴は必需品。出国前の消費見積（予備含む）により、購入物品は以下のとおり。垢擦り7枚（一ヶ月に1枚ペース）、シャンプー及びボディソープ大ボトル各3本づつ、長靴1足。

さて、大抵、仕事も終わった夜中にシャワーに行くことを日課としているが、業務に疲れ（諸外国将校への気疲れ？）シャワーも行かずにいつの間にか寝ていることも多い。数百メートル歩いてせっかく行ってもお湯がでなかったり、酷いときは水さえ出ない日もある。雨の日には暗闇と泥濘化した道が行く気力をそぐ。そんなこんなで、1ヶ月半が経過しふと気がつくと、シャンプーが2cmしか減ってない。7か月1本で間に合いそうだ。垢擦りは新品同然である。先週、これは大変だと認識しシャワーに行った日には次の日の分まで2回づつ頭と身体を洗おうと心に誓ったのでした。

水は貴重で少量しか使えないがシャンプーは大量に使って贅沢な気分。ささやかな喜びです。

因みに、長靴は前任者の申し送りが何足も残っておりました。雨の日には気分に応じて履き替えます。

バグダッド日誌（2006年2月28日）

さすが日本人？

日本隊と多国籍軍司令部との連絡調整を実施するナショナルLOのオフィス（コアリション・オペレーション部）は、パレスから50m程離れたところに位置している。そのオフィスの隣がC—9の事務室があり、朝から将官に対するブリーフィングがあるそうで忙しくしていた。

突然、米陸軍キャプテンが私に助けを求めてきた。なんでもブリーフィングをビデオ撮影したいのだがカメラが全く動かないというのである。日本人だったらソニーのビデオ・カメラに詳しいだろうと頼みにきた。

「大学時代は土木工学専攻で超低空飛行、しかもメカ音痴の私に何ができるか？」と思いながら「見るだけ」とオフィスに入った。ソニーのビデオはVH

Sの古くて大きなもので、よく見ると電源が入っていなかったため、電源スイッチを押すと作動した。C9の一同が、さすがは日本人はエレクトロニクスに強いと褒めてくれる。「ただ、電源スイッチを入れただけ」で日本人の名誉を守ることができた。

5分ほどして、またカメラが不調だと、C9の大尉が頼みに来る。今度はピントが合わないとのこと……。「そんなの直せるはずが無いじゃないか?」と思いつつ、一応「格好だけ」つけて支援に駆けつけた。よく見るとズームのボタンが壊れており、レンズのフォーカスを手であわせて急場しのぐことにしたが、C9全員が大変感謝してくれた。

この一件以降、「日本人は、テクノロジーに強い」というイメージを定着させることができたが、こと私に関しては「誤った偏見」だと思う。このまま化けの皮がはげないことを祈っている。

バグダッド日誌（2006年3月2日）

●●少将の3度目の正直

昨日、MNC—I副司令官（行政担当）●●少将（伊）のサマーワ宿営地・キャンプ・スミッティの視察に同行した。少将は、過去に2回サマーワ宿営地訪問を試みたが1回目は天候不良でヘリがキャンセルとなり、2回目は途中まで行ったもののサマーワ周辺が砂嵐のため引き返し視察ができなかった。

日本隊のサマーワ宿営地の評判は、ここキャンプ・ヴィクトリー内では有名であり、沢山の将官が希望している。前回コアリション・オペレーション部長▲▲准将（伊）が日本隊を訪問し、その際の日本隊視察の話を少将は直接聞いており、ずっと楽しみにしていた。

昨日は天候に恵まれ素晴らしい視察ができた。移動は米軍ヘリで実施したがオペレーション重視のため、しばしば時間が変更となる。昨日も30分程度早くバグダッド出発となり、20分程早くサマーワに到着した。少将は「少し早く着きすぎたのでは？」と心配しておられたが、日本隊の準備は万全でまさに「立て板に水が流れる」如く視察が実施された。到着直後の栄誉礼ではイタリア国歌、日本国歌が吹奏されたことに感動された少将は、その後も感動の連続であった。洗練された[redacted]隊長によるブリーフィング、衛生隊長による医療施設説明、群2科長による▼▼説明、展示等すっかり満足されていた。仕上げは着物姿の女性自衛官による「茶道」が実施され「日本文化」「もてなしの心」「きめの細やかさ」を十分に堪能していた。日頃は無口な少将は、よほど日本隊の視察に感動したのか珍しく多弁で、ご機嫌で我々日本ＬＯに話しかけてくれた。帰路の際に「日本隊は、素晴らしい。特に敬礼が素晴らしい。宿営地の視察の移動間すべての隊員が美しい敬礼をしていた。日本隊の強さが良く分かった。」と大変なお褒めの言葉を頂いた。

　サマーワの皆様の素晴らしい受け入れにより、日本隊の良き理解者がまたひとり増えました。また我々連絡官はキャンプ・ヴィクトリーで胸を張って勤務できます。本当に有り難うございました。

サマーワ視察雑感

サマーワの施設は、２年前に第１次群の警備幹部として勤務した当時とは比べものにならないほど充実し、展開当時に缶詰の空き缶をお玉にしてみそ汁を配膳していた時とは隔世の感があった。しかしながら変わらない日本精神が嬉しかった。「車両は水平・直角・一直線を３ｃｍ以内の誤差で整頓」されており、無言の内に日本隊の精強さを誇示していた。

バグダッド日誌（2006年3月4日）

ダブル装備

ＭＮＣ―Ｉ副司令官●●（伊）のサマーワ視察の際に豪軍連絡幹部の少佐が同行していたが、彼は、拳銃と小銃をダブル装備していた。また同じ日にヘリの待合室で待っていたときに気づいたのだが、インターナショナルゾーン（我々の所在するキャンプ・ヴィクトリーから東に１５ｋｍ地点にある多国籍軍の管理するキャンプ）での会議に参加する予定であるという豪軍大佐も拳銃、小銃のダブル装備をしていた。

各国の装備状況について聞いてみると、イタリアは将官クラスと移動する時は、護衛が付くため拳銃のみ装備するが、佐官クラスの移動等であれば護衛はつかないのでダブル装備するそうだ。

第1次群の時の話で恐縮だが、オランダ軍指揮官がバスラに会議に行く時も大佐自ら拳銃、小銃のダブル装備をしているのを思い出し、多国籍軍のスタンダードは、護衛が付かない時は「自らは自らで守る。」ということなのかと実感した。

今度会議等でキャンプ・ヴィクトリーを離れる際は、拳銃、小銃のダブル装備で臨みたいと思っている。

生理現象

クウェートに到着してからであるが、トイレに行く回数がやたらと増えている。日本では就寝間に用を足しに行くことはほとんどなかったのだが、クウェート到着以降は夜必ず1回、就寝する2時間以内に水分を摂ろうものなら2回行くこともある。連絡班全員に聞いてみたがやはり尿の回数が増えているという。こちらは乾燥しているため水分の摂取が多いためか、それとも知らないうちに緊張しているのかは定かではない。いずれにしろ日本コンテナからトイレが遠いので夜間はなるべく水分を摂らないようにしている。

バスラ日誌（2006年3月4日）

昨夜は、豪軍帰国者のためのお別れ会が実施された。オーストラリア・デイの時ほど盛大ではなかったが、多くの人が集まって、全く関係のない話で楽しんでいた。要するに何かにつけて集まってはいるが、別にその会の趣旨が何であろうと構わないようであり、開始、終了を含めて何の統制もなく、各々がそれぞれに会話を楽しめばそれでいいといった風である。

私は、チェコのＭＰ[※1]の人達と色々な話をしたが（もちろん苦労しながら。）、特に[※2]ＩＰＳの教育訓練について聞いた話を紹介する。まず、現在教育を実施しているイラク警察要員のレベルは「ノー・グッド」だそうだ。元警官もいれば、初めて警察官になった者もいるとのことだが、彼曰く「彼らは、子供だ。」そうだ。もちろん中には優れた警官もいるらしいが、総じて錬度は低く、初歩的な戦術も理解していないと言っていた。例えば、射撃訓練中に虫に指をさされて「これ以上撃てない。」と言い出したり、射向が高すぎるので、もっと下を撃てと言ったら、銃口を下げるのではなく、しゃがみこんで撃ったりと、話にならないそうだ。しかしながら、ついこの前まで戦っていた相手に、武器を持たせて教育を施すわけなので気を抜くことはできず、かなり警戒しながら実施していると言っていた。

（※1）憲兵　（※2）イラク警察

昼間は本当に暑くなってきた。暑くなってくると、居住区では上半身裸や水着姿で男女を問わず日焼けをする人が多くなってきた。男性は目線を察知されないように、サングラスの装着が必要なくらいだ。班長はというと目が悪いので全く見えないそうだ。

さて、みんな真っ黒に焼くのではなく、真っ赤に肌を焼いている。イラクで任務をやってきたんだぞという証を残す為か、見るからに痛そうで、逆に不健康に見えるくらい真っ赤に焼いている。私も、負けずに日焼けをしようとしたが、元が黒いので、焼くとアフリカの人になっちゃうので、やめときます。

バグダッド日誌（2006年3月5日）

バグダッド連絡班全員が糖尿病？

クウェートに到着してからバグダッド連絡班全員が頻尿気味であることを昨日の日誌で記述した。早速サマーワからご指導を頂いた。●●の見立ては次の通りである。（●●すみません勝手に使わせてもらいました。）

確かに興味深いです。論文にする能力はありませんが、▲▲はじめ、バグダッドの皆さんが糖尿病になってないことを祈ります。一般に、血糖が上がると、夜間の頻尿がでてきます。食べ過ぎに気をつけるようにして下さい。

業支医務官●●

確かに、キャンプ・バージニアに到着して以来、ビュッフェ・スタイルの食事で、ついつい食べ過ぎていたように思う。アイス・クリームやケーキが食べ放題でジュースやコーラを飲みながらの食事が続いていた。今日もバーベキューで肉中心の食事……。明日から野菜中心の食事で食べ過ぎに気をつけようと思います。

バスラ日誌（2006年3月6日）

先入観の話でバスラ日誌に登場した●●が6ヶ月の勤務を終え、つい先日、本国へ帰っていった。後任は▲▲である。一昨日■■とその▲▲と3人で話しをしていたら、イラク派遣前の教育の話になった。少佐が「何か特別なことを習うのか。」と聞くので、私は「アラビア語を少し習うのと、我々は学校でアメリカ英語しか習わないので、イギリス英語を2ヶ月ぐらい勉強するよ。」というと、少佐は「それは確かに必要なことだ。」と納得していた。すると大尉が、「我々にもイラクに派遣される前に大事な教育がある。」という。それは何かと尋ねると「男性兵士に多国籍軍で勤務する時『女性兵士に話しかけてはいけない』『女性兵士に触ってはいけない』ということを教育するんだ。」といった。冗談をいったのかも知れないが、私の先入観の中には「イタリアの男性は女性が大好きで、女性がいたら声をかけずにはいられない。（現に、[redacted]の隣に座っているイタリアＬＯはしょっちゅう女性に声をかけている。）」というものがあったので思わず吹き出してしまった。少佐も「それが一番大事なことだ。」と言いながら笑っていた。先入観も正しいことがあることが分かった1日だった。

バグダッド日誌（2006年3月9日）

バグダッドの蚊

戦国時代には、「草」という忍びがいたという。村人になりすまし世論の実情を主人に報告する者達だ。ここバグダッドにもいる。彼らこそバグダッド・モスキートー（ＢＭ）と呼ばれる人たちだ。先日バグダッド中心部にあるＩＺ（インターナショナルゾーン）で実施されるＢＭ報告に参加した。彼らは全員がバグダッド市民であり、学校の先生、会社員、学生、主婦等様々な階層から選ばれている。訛はあるもののきれいな英語を話し、今バグダッド市内で、一般市民はどう考え、どのような流言が広まっているのか、米国に対してどう考えているのか等を報告する。私は会議の写真を撮ろうとして断られた。それはそうであろう。彼らは米軍に協力していると反乱分子に知られたら、命を狙われるのである。うかつだった。彼らの意見発表は非常に活発で、自分の意見を交えて実に堂々と発表する。その構成は１２名で、そのうち８名が女性であった。千夜一夜物語に出てくる女性は、きっとこのような人たちだろうと想像させるような美しい人たちばかりだ。私はサプライズィング・アタックを受け、思わず見とれて、訂正、聴き入ってしまった。休憩時間に、小平学校で鍛えたアラビア語で「アッサラームアライクン。アニ　イスミ●●（今日は。私は●●といいます。）」と話しかけてみた。イラクの方言などを言ったら大人気になって、バグダッド市民の美しい方々と友達になってしまった。彼女らが持参した手料理のイラク郷土料理もご馳走になり文化交流にもなったと同時に、アラビア語を勉強しようというモチベーションが高まった。次のBM会合にも一般市民の意見を聞くために、諸手を挙げて参加希望したい。

バグダッド日誌（2006年3月16日）

頼られる日本隊スタッフLO

MNC―I情報部の幕僚として勤務している●●（ナイトシフト）と▲▲（デイシフト）は、交代で24時間勤務し、休日なく勤務している。デイ・ナイトを1ヶ月交代で実施しているが、ナイト・シフトは昼、夜が完全に逆転してしまうので慣れるまでは大変そうである。

スタッフLOは、情報部分析チーフ（米陸軍少佐）のもと2週間の研究期間を与えられ研究結果を報告している。▲▲は、研究命題のチーム・リーダー（各国からの幕僚5人でチームを編成）に既に3回指名され、勤務期間のほとんどをリーダーの重役を担っている。▲▲が勤務を開始する1ヶ月以上も前に着任して、未だ一度もチーム・リーダーを実施していない将校もいるにも拘わらずである。情報本部から派遣された専門家であるため、頼られるのは仕方ないとしても、すこし頼りすぎではないかと私は感じている。

●●もただ一人の海軍マークでありながら、最近はすっかり勤務に慣れセントリクス検索のエキスパートと化している。また●●も現在ナイト・シフトのチームリーダーを実施し、多忙な毎日を送っている。月・月・火・水・木・金・金は海軍で慣れているのであろうが、日本人特有のまじめさでシフト間は討議中心で実施し、シフト時間を終わってから意見を集約（勿論英語で）して翌日の討議を実施している。最近の睡眠時間は2〜3時間であろうと思われ、あまり無理をしないように注意している。

おそらく、日本の二人がいないと情報部は機能しないのではないかというのが私の見立てである。

昨日▲▲の研究発表があり、見学にいったが発表後の質疑応答の方が発表時間より長いぐらいに「鋭く、視点の良い発表」でチーフも日本隊に最大の敬意を払ってくれた。私は分析チーフに各国の将校にもチームリーダーの機会を均等に与えて欲しい旨を伝えておいた。しかし日本隊スタッフＬＯの二人は「頼られるうちが花」と気にもしていない様子である。

バグダッド日誌（２００６年３月１７日）

散髪

　バグダッド連絡班で私以外は器用に自ら散髪しているが、私は前回自らバリカンで散髪しようとして、「虎刈り」ならぬ「パイナップル・ヘアー」となってしまったことを反省し、キャンプ内にある散髪屋に行くことにした。●●が「散髪しますよ。」と言ってくれるが、いつも遅くまで仕事をしてくれており、なるべく負担をかけたくなかった。キャンプ内にはバーバー・ショップとビューティー・ショップがあり、バーバー・ショップは3ドルだがいつも混んでいて、何も言わなければ丸坊主にされてしまう。ビューティー・ショップは一応女性兵士用らしく客の要望を聞いてくれる。時間のない男性兵士も流れて来ていて、値段は５ドルで少し高めである。（とはいえ日本の１０００円散髪より安い。）

散髪ぐらいで1時間も待たされるのはつらいのでビューティー・ショップで散髪してもらった。「サイド・イズ・ベリー・ショート」「トップ・イズ・ジャスト・トリム」と要望すると、ほぼ日本人が想像するスポーツ刈りとなった。これからは散髪に悩むこともないと「ほっ」としている。ちなみにこの散髪屋は、KBR（ケロッグ・ブラウン・ルーツ）という米軍を支援する民間会社が運営しており、理容師はインド人が中心である。お勘定の際は、散髪の基本料金に加えてカットしてくれた理容師に1～2ドル程度のチップをあげるのがスマートなようである。

バグダッド日誌（2006年3月21日）

ジャパン・ブリーフィングの反響

毎週月曜日にサージャント・メイジャー・ミーティング（部隊最先任曹長）が実施され、キャンプ・ヴィクトリー及びこれに隣接する部隊の最先任軍曹約40名が一同に会し、服務・規律に関する事項等、部隊が円滑に運営できるように広範多岐に亘る内容が討議されている。日本隊も●●が参加している。米軍以外の参加は日本と豪だけであり、ここでの調整内容は各部隊に徹底され、また抜群の影響力を持っている。

昨日、このサージャント・メイジャー・ミーティングにおいて●●が日本の紹介を実施した。日本がどのような活動を実施しているか理解してもらう上で大変効果があったようで、私がパレス（多国籍軍司令部）で調整していると、各部署の最先任曹長が昨日のジャパン・ブリーフィングは素晴らしかったとしきりに声をかけてくれる。「日本は600人もイラクに展開させているのか？」とか「イラク人自らの手で自分の国を復興させるやり方は素晴らしい！」等々調整に行った先々で声がかかる。この抜群に影響力のある会議における日本隊の紹介は、バグダッドにおける日本のプレゼンスを示す最も良い機会であったと感じている。

ワールド・ベースボール・クラシックは、米軍人の関心が高く、昨日の日本チーム優勝に対する祝福の言葉を沢山の米軍人からもらったが、それ以上に、ここキャンプ・ヴィクトリーではジャパン・ブリーフィングに関する話題が多かった。並み居る海千山千の部隊最先任曹長の前で、英語のブリーフィングを実施するのは大変な苦労と緊張があったと思う。●●ご苦労さまでした。

2回目の家族からの追送品到着

昨日、2回目の家族からの追送品が到着した。前回同様に宅配便業者が日本コンテナ前まで運んでくれた。VBIED(※)の危険があるメインゲートに荷物を取りに行く必要のないように、宅配便業者を選定してくれている担当の心遣いに毎回、感謝している。

毎週土曜日の「銀シャリ・デイ」にはインスタントみそ汁を同時に食していたので、みそ汁が底をつく所であった。今回の追送品に職場から沢山のみそ汁を激励品として送って頂き、皆で歓声をあげた。また、こちらでは貴重な「煎餅」も送って頂き、連絡班5人で均等に「配給」した。更に冬季オリンピック・荒川選手金メダルを獲得した時の新聞もあり、皆で食い入るように読んでいる。

いつも、暖かいお心遣いを頂き有り難うございます。みそ汁、煎餅、愛国心パワーを得て引き続き頑張ります。

（※）自動車爆弾

バグダッド日誌（2006年3月23日）

WBCで涙?

日本では、WBCの試合を見て感動の涙を流している人も多いと思う。ここバグダッドでは、「Congratulation!（おめでとう）」と、道行く人から声をかけられる。中には、食事をしているところにまでわざわざやってきて、祝福してくれる人もいる。我々が試合をしたわけではないが、さすがに気分が良い。

「Thank You!」と笑顔で返しながらも、心の奥では納得のいかない自分がいた。何故なら、日本コンテナにあるテレビでは、試合を見ることができないのだ。

また、連日連夜、定期的にあるニュースにもWBCの話題ばかりなのだが、肝心の試合の場面や、選手の喜ぶ場面、シャンパンファイトの場面など、日本では試合を見て、感動して、ニュースを見て、また感動して、余韻に浸って、また感動して、翌日新聞を見て、また感動して……というプロセスを踏むはずなのだが、その場面になると、「放送権の都合で映像をお見せできません。」のテロップとともに、腹が立つほどの青空と草原の画面と、その場面の音声だけが流れてくる。トリノオリンピックの時も同様で、時には親切に写真を出してくれる時もあるが、それで満足できるはずもなく、フラストレーションがたまるばかりだ。感動も半分以下になってしまっている。特にスポーツ観戦の好きな私は、ニュースを見ながら、その放送権の都合の映像に悔し涙を流しているのである。試合が見たい。動く場面が見たい。日本のテレビ局の絶叫したアナウンスが聞きたい……。しかしながら、そんな中でも、ニュースで流れる日本の人達の興奮や感動を見ると、その人達と同じ気持になり、私まで同じ日本の地にいるような気がする。その人達の感動がこちらにまで伝わってきて、本当に嬉しい。それを見ると、肝心な場面が見られないという嫌な気分も一掃してしまう。また、この話題があるおかげで、話の導入がスムーズになり、難しい仕事も容易になることも想像できる。王ＪＡＰＡＮの世界一に●●ＪＡＰＡＮも世界一でありたいと思うバグダッドでの一日であった。我々に感動をくれた選手の皆さん。ありがとうございます。本当におめでとうございます。

バスラ日誌（2006年3月25日）

夏が近づいている。というか、ほぼ夏と言っていいくらいの暑さになってきた。日本に比べて湿度が高くない分、それほど不快感は感じないが、日差しは非常に強い。本格的な夏になるともっと暑いと聞いているので、現在は半分楽しみ半分不安な状態である。さて、夏といえば日本でもおなじみの「蚊」である。ここバスラでも蚊が発生している。水はけが悪い土地なので、今でも大きな水たまりがあちこちに残っており、我々には甚だ迷惑な話だが、蚊が発生するのに良い環境を与えている。既に我々もこちらの蚊の洗礼を受けたが、日本の蚊の毒に比べて強力なのか、痒みがなかなか引かなかった。虫さされ薬の我が国代表（?）といっても過言ではない「ムヒ」をもってしてもである。これは予防的処置を講ずるしかないと考え、日本の最終兵器（?）「蚊取り線香」を投入した。これを使うと、部屋中の物が蚊取り線香のにおいに汚染（?）されてしまうので躊躇していたが、マラリアの恐怖もあるためやむを得ず使用した。

結果は、「素晴らしい」の一言であった。

それ以来部屋で蚊に刺されることはなくなった。さすがに昔から日本で使われてきたものであり、海外でも通用するその効果に感心した。少々においはきついが、ここイラクで「日本の夏」を味わうのも一興であると感じた。

バグダッド日誌（2006年3月28日）

トイレに関する一考察

日本隊コンテナに一番近いトイレは、日本の演習場にあるようなレンタル・トイレ・タイプで、業者により1日2回の清掃を実施している。このトイレは液体の消毒剤が溜めてあり、大用を足したときは「おつり」が返ってきて、おしりが濡れてしまう。

約500m離れたところには、簡易水洗トイレがあり、急な時以外はそこで用を足すようにしている。この簡易水洗トイレはとても機能的で清潔であり、長期の展開にもストレスなく用が足せると思う。

日本隊コンテナ近くのトイレ

簡易水洗トイレ

最後に紹介するのは、パレス内のトイレであるが、これは総大理石で豪華絢爛、ちょっとやりすぎ……？サマーワのトイレも演習場にあるようなレンタル・トイレ・タイプであったと記憶している。米軍の使用している簡易水洗トイレぐらいがあれば、ストレスなく用が足せるのではないかと感じている。

パレスのトイレ

バスラ日誌（2006年3月29日）

我々が居住している地域には24時間利用することができるジムがある。ジムにはバーベル、サンドバッグ、ランニングマシン等一通りの器材が揃っており、体のあらゆる部分を鍛えることが可能である。また、ジムには冷房が完備されており、暑い外とはうってかわって非常に快適な空間でもある。食事の帰り等に外からジムをのぞくと、国を問わず、男女を問わず、たくさんの人がジムを利用している。（特にイタリアの人はよく利用しているように感じる。）私はというと、ここバスラに来てもうすぐ3ヶ月になるが、3回程しかジムを利用していないのが現状である。派遣中間段階での健康診断において、体重が2kgほど落ちてはいたが、毎日カロリーの高い洋風バイキング方式の食事をとっているので健康が気にかかる。（また、気のせいかおなかの回りにぜい肉がついてきたように感じる。）

健康のため、ダイエットのため、そして持続力を維持させるため運動しなければならないと感じ、業務の合間を活用して、（涼みに行くためではなく）運動のためにジムに行きたいと思う。

バグダッド日誌（2006年3月30日）

健康管理

キャンプ・ヴィクトリー内に米軍の運営する医務室があるものの、幸いにも日本隊からは未だ誰も受診することなく全員元気に勤務している。

クウェート入国そしてバグダッド到着してから食事が美味しく感じられ、ステーキ・ハンバーガー・ピザ・ホットドッグを食べ続け、水のかわりにコーラを飲んでいた。その結果、バグダッド到着1週間後には、日本での体重より4〜5キロ増加しており、業務支援隊医務官から食べ過ぎによる糖尿病に気をつけるように指示をもらってしまった。

それ以降、食生活を野菜中心にするよう心がけ、日本コンテナにある体重計で朝、晩2回体重を量り健康維持の目安としている。1月終わり頃は体重がなかなか減らず「フル・ヌード」になって体重を量ったこともあったが、「食生活の改善」と「緊張した中での勤務」が相まって、現在は一番体重のあった時より10kg（日本での体重より5kg）体重が落ちた。

気候が暑くなるにつれ食欲も落ちてきており、現在は体重維持に重点をおいている。（この体重を維持すれば、今年の全国自衛隊柔道大会には1階級下の体重別クラスに参加して上位入賞を狙えるのではと内心思っている。）

また外から建物内に入ると何となく体全体が埃っぽく感じられるため、身近なところから「うがい・手洗い」を励行している。夜は日本コンテナ内で腕立て、腹筋、スクワットを皆で実施して運動不足を解消し、夜は疲れてぐっすり眠れている。

ここでは、全員健康でいることが任務達成の基本と認識し日々健康管理に留意している。

バグダッド日誌（2006年4月2日）

アジアの友人

球春到来、日本のセントラル・リーグも開幕し、春の高校選抜野球も大詰めである。ここキャンプ・ヴィクトリーでは、今なお新しく知り合いになる米国人とはWBC（ワールド・ベースボール・クラシック）の話題から始まっている。日本が優勝して以来、我々も本当に鼻が高い。

しかしながら、準決勝で惜しくも日本に敗れた韓国に気を使い、韓国の連絡幹部の前では野球の話しをするのを控えていた。昨日夕食で同席した韓国少佐が期せずしてＷＢＣの話しをしてきた。内心穏やかではないのであろうが、日本の優勝を祝福し、「本当に日本は強い。韓国は日本に１０年は遅れている。」と言ってくれる。我々も「運が良かったこと」、「予選では韓国に2連敗していること」を強調する。お互いに謙遜のしあいである。

この「謙譲の美徳」は、アジア独特のものではないかと感じている。自己主張の強い欧米人からすれば何を卑下しあっているのかと思うだろう。

「キャンプ・ヴィクトリーでは日本にとって韓国は「アジアの良き友人でありライバル」である。コアリション・オペレーション部内でも朝一番にきて、一番最後に帰るのは日本と韓国である。現在の日韓の微妙な関係に全く影響されず、良き友人として日韓お互いに切磋琢磨している。

雷

今朝5時半頃、「ドーン」というすごい音で目が覚めた。「迫撃砲でも落ちたか?」と思ったが、雷であった。朝から断続的に雷が落ち、稲光が上空を走っている。雨も激しく降っており、キャンプの彼方此方が冠水している。音に大変敏感になっており、断続的な雷音は堪らない。どんより曇った空を見ながら天候の回復を待っている。

バスラ日誌（２００６年４月２日）

ＬＯは本隊と離れて業務を遂行しているため、本隊の状況を理解していない部分も多々あることだろう。その辺は、送られてくる活動状況や指導事項、電話でのやり取りなどから想像するしかない。しかし、離れているからこそ気付くこともあるような気がする。なかなか意思の疎通が難しいこともあるが、目的は同じであるし、真剣に考えてもいる。反省すべきところは反省し、さらに努力していきたいと思う。

我々は４人で、Ｊ２(※1)、Ｊ３、Ｊ９で勤務している。本隊との連絡はＪ３にある自即電話とメール及び英軍回線を使うので、Ｊ３の机には必ず誰か１人は残っていなければならない。朝は０５３０から夜は２４００まで必ず連絡を取れるようにしている。また、2つの居室にはインマル回線(※2)が引かれているので、約5時間半の不在時にも緊急連絡は可能である。サマワ本隊も深夜にわたる業務を遂行しているので、24時以降も対応できるようにしたいとも考えたが、4人で3カ所に分かれる上に長丁場（完全休養日なし）の勤務であることから、完璧に24時間態勢で対応することは難しい。幸い、今までのところ24時過ぎに連絡があった時にも全て対応できたのでよかったとは思っている。

運用等に携わっているわけではないので勤務の中身の濃さは別としても、勤務時間、起居容儀、挨拶回数では多国籍軍師団司令部内でも誰にもひけはとらないと自負している。これは、意識的に努力していることでもある。サマワ本隊の活動に比べればちっぽけではあるが、我々の真剣な勤務、一人一人と接する態度によって、英軍を始めとする多国籍軍との信頼関係にも良い効果があればと願っている。

（※1）情報部、作戦運用部、民軍連携部　（※2）衛星通信

バスラ日誌（２００６年４月３日）

日誌には、業務に関連する情報（問題のない範囲で）、近況報告、勤務雑感などに加えて、サマワの皆さんに楽しんでいただこうと受け狙いバージョン等を書いて送ってきた。当初の間は、あまりふざけたことを書くのは憚られたが、だんだん慣れてくると、受け狙いの方が楽しくなってきて、調子に乗りすぎた点があったと思う。何事につけても、過ぎたるは及ばざるがごとしであって、バスラは遊んでいるのではないかと誤解されたり、彼らは大丈夫かとご心配いただいたりしたようである。なかなか文章を書くのは難しい。

バスラ日誌（２００６年４月５日）

師団司令部の敷地の周りには窪地があり、そこに水がたまって池のようになっている。何という名前の植物かはわからないが、葦のような植物が生い茂り、夜になると蛙の大合唱が聞こえてくる。イラクに来て蛙の鳴き声が聞けるとは思わなかった。

1月にこちらに来た時から蚊はたくさんいたのだが、そのころの蚊には全く刺されなかった。ところが、最近の蚊は成長したのか、刺されるとかなり痛痒い。また、蝿が多くなってきたのには閉口している。

イラクのトンボはなぜかでかい。最初にお目にかかったのは、外で煙草を吸っていた時で、急に目の前に現れたものだから、トンボだとは思わず、びっくりして煙草を落としそうになった。

イラクには蟻もちゃんといる。誰が捨てたのかわからない飴玉に群がって、せっせと動き回っている。巣穴とおぼしきところから、目標地点まで一列縦隊で前進している姿は日本の蟻と同じである。

イラクには鳥もいる。昼間、日本の雀にそっくりな小鳥が、可愛い声でさえずりながら飛んでいる。夜になると少し大型の鳥が変な声で鳴きながら、その辺を行ったり来たりしている。鳥目ではないようだ。

イラクの月は、不思議である。日本でも月が欠けたり満ちたりするのは当たり前だが、イラクの三日月は、真下に弧を描いて輝く上弦の月である。日本の上弦の月は、右半分が輝くのだが。

バグダッド日誌（2006年4月12日）

人魂？

ナイトシフトの●●が青い（青黒い？）顔をしてコンテナに駆け込んできた。「ひっ、人魂が飛んでた！」あの屈託のない●●がただならぬ様相で言う。「コンテナの前をす〜〜っと飛んでた。」「蛍かなんかじゃないんですか？」「そんなに小さくなかった。」●●と私は外へ出て、彼の指さす、飛んでいたと思われる付近を眺めていた。その付近には深い堀があり、とてもじゃないが、蛍が生息できる程の環境にはない。「歩いていた人が懐中電灯でも持ってたんじゃないですか？」にわかに信じられない私は聞き直した。「懐中電灯ならすぐ分かる。」と●●は反論する。「パレスに行くのが怖い。」と、暗い中、懐中電灯片手に宮殿の事務所に走っていった。

以前、宮殿の大広間の写真を撮った際、薄白い透明の玉のような物体が写っていた。心霊写真の世界では「オーブ」と呼ばれている物らしいが、その直後に同じ場所を撮影した写真には写っていなかった。心霊写真を撮ってしまったと怖くなった記憶があるが、よく考えると、ここはそのような物がさまよっていても何の不思議もないところなのだと改めて思った。パレスの橋は破壊されており、パレス陥落時にニュース画像で流れていた巨大な門が、その破壊された橋の延長線上にそびえている。その際の激しい戦闘が想像できない程の静けさを保ってはいるが、キャンプのそこかしこに点在する破壊された建造物は、そこに執着のある無数の魂を呼び寄せているかのようだ。●●の見た人魂は、何処に行きたかったのだろうか？

バグダッド日誌（2006年4月18日）

砂嵐のち嵐のち快晴

昨日は朝方から風が強まり砂嵐となった。太陽は黄色く霞み、パレスと日本隊コンテナの往復をしただけでも口の中がジャリジャリしている。日本コンテナに戻って、「外から戻ったら直ぐにうがいをするよう。」皆に注意喚起する。第１次群でサマーワに展開した際、砂嵐の後には下痢患者が急増したことを思い出した。幸い本日の朝を迎えても誰一人腹痛を訴えるものはいない。

午後になると更に辺りが暗くなり、黒い雨雲が空中を覆い始めた。風は相変わらず強い。午後４時過ぎに突然稲光が走り、バケツをひっくり返したような大粒の雨が降り始めた。ナイト・シフトの●●は出勤前のシャワーを浴びに行っていたが日本コンテナにたどり着く２０ｍ手前でこの嵐に遭遇し、全身ずぶ濡れとなってしまった。シャワールームまでの経路はひどく冠水する（深いところで水深５０ｃｍぐらい）ため私以下はシャワーをあきらめペットボトルで頭をゆすいだ。昨日、一昨日とシャワールームの水がでなかったため、３日連続でペットボトルでのシャワーとなってしまった。雨にピンポン球大のヒョウも混じり日本コンテナの屋根もすごい音がする。日本のハイテク・アーマー・ボックスと賞賛されるコンテナでさえ、すごい音がしているのだから、他国コアリションのトタン屋根・コンテナは大変だろうと心配になる。

一夜明け、今朝は昨日とうって変わっての快晴、気温も昨日の４０℃から

２８℃程度まで下がり爽快な朝を迎えた。明日からＲ＆Ｒ(※)に出発する●●もホッとしている。

清々しい朝を迎え、本日も「日本隊のために頑張ろう。」と連絡班一同心に誓った。

（※）休暇

バグダッド日誌（２００６年４月２４日）

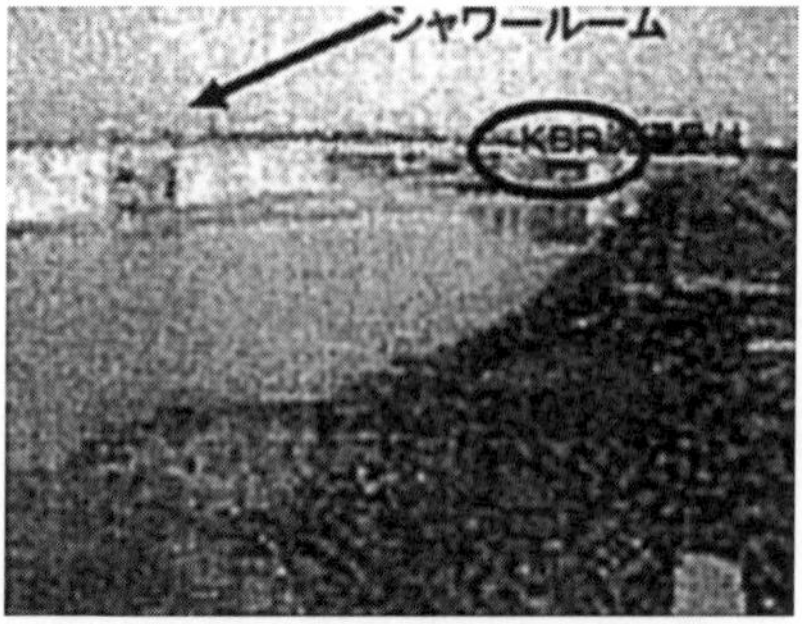

我々の前に立ちはだかる水たまり、
遠くに見えるＫＢＲ洗濯受付と
その奥にあるシャワールーム
まさに「越すに越されぬ大井川」
の心境です

10km持久走大会

昨日、コアリションの厚生行事でキャンプ・ビクトリー内で10km持久走大会が実施された。日本隊は外での駆け足を禁止しているため参加しなかったが、朝6時スタートで日本コンテナの前を沢山の米軍やコアリションの仲間が走り抜けていく、その中にケーシー大将も混じっていた。朝の指揮官報告（BUA）は1時間遅れで実施され、ケーシー大将は駆け足後のスウェット姿であった。

ケーシー大将は2004年7月からMNF―I[※]の指揮を執っておられ、やがて2年になる。我々のように勤務期間が約半年で、3ヶ月目で少し疲れを感じるからとR&Rをもらっているのとは人種が違う。今更ながら、自らの修行不足を痛感する。

しかしながら元気に走っているコアリションの仲間を横目に、我々日本隊も体力練成を怠っていない。日本コンテナ内で毎日腕立て、腹筋、スクワットを実施し一日の合計は、それぞれ500回を軽くこえる。日本隊も筋肉ムキムキになってきており、決して体力練成面では劣っているわけではない。

心身丈夫で引き続き精進していきたい。

（※）多国籍軍

バグダッド日誌（2006年4月25日）

武器手入

ここバグダッドは、24時間個人装備火器の携行が義務づけられており、武器がなければ、食堂へも入れない。バグダッド到着当初は、「腰が重い」とか「歩きづらい」と感じたが、今は武器がないと非常に違和感を感じる。

体重減少のため胴回りが小さくなったらしく、弾帯の長さ調整を怠っていると、拳銃の重さにより知らないうちに弾帯が斜め掛けになっていたようだ。現在、右腰骨付近に「拳銃づれ」ができてしまい、皮がむけて非常に痛い。しかしながら、その痛さが銃の保持を想い出させてくれ安心感がある。

毎週火曜日は武器、弾薬の点検を実施し、サマーワに異状の有無を報告する。この時には必ず武器手入れを実施して、いざというときに手抜かりの無きように心がけている。

今年のバグダッドは異常気象のようで、4月になってからも毎週のように雨が降っており、例年の如く砂嵐もある。油断していると武器にはあっという間に錆がでて、また砂が入って作動不良となってしまう。雨で濡れた日、砂嵐の日の武器手入れは欠かせない。

本日は火曜日、心をこめて武器に錆が無いか確認し砂を落としながら、これを使う機会がないことを祈っている。

Great Japanese Weapon

英軍との調整のためパレスを歩いていると、コアリション・オペレーション部の副部長の大佐に出会った。その大佐は、以前班長が紹介したように、大の日本びいきで、ボートはヤンマー、時計はセイコー、車は日産、等々。特に時計に至っては、30数年間同じセイコーを使っており、「この時計が止まるときは、僕の人生も止まる。」とまで言及されているほどだ。その大佐が、私の所持している小銃を見つけて、「見せてくれないか?」と言われた。私が小銃をわたすと、大佐は手に取り、興味深げに舐めるように見回し、「何て言う銃だ？」「タイプ89です。」「5．56か？」「はい、そうです。」「やっぱり、日本製は素晴らしい。うちの銃なんか……。」と首を二、三度振り、嘆いておられた。挨拶した後、英軍LOの方に向かおうとしたとき、「君、さっきの銃の名前は、何て言ったかな？」と後方から再び尋ねられた。「タイプ89です。」「ありがとう。」と去って行かれた。普段、常時携行していて、やや不便だと思っている小銃ではあるが、MADE　IN　JAPANはやっぱり素晴らしいと言ってくれる人がいると、鼻高々である。大佐以外にも、89式小銃に興味を示す他国の軍人は大勢いる。この小銃を製作していただいているメーカーの耳に届けてあげたいくらいである。もちろん、定期的に手入れをして、不測の事態には万全に備えている。異状なし。

バスラ日誌（2006年4月29日）

このところ暑い日が続いていたが、今日は曇り空で過ごしやすい1日であった。一時多くなっていた蚊も、あまりの暑さのためか、殆ど見なくなっていたが、そこに止めを刺すかのように殺虫剤の散布が行われた。運悪く、居住区に食事をとりに戻ったところであったので、自分が燻蒸されているように煙たい目に遭ってしまった。これからさらに暑くなれば、虫もいなくなると聞いているので、蚊に悩まされることももうないのかもしれない。相変わらず、蝿が多いのには参っているが、蝿さん達ももうすぐいなくなってくれるのではないかと思う。

喫煙所において少しずつ作ってきたタバコ友達は、私の重要な情報源の１つであり、調整をスムーズに実施するための潤滑油である。

外国の方達との調整も、日本人同士の調整と同じく人間関係が影響するし、根回しも重要である。その際、最も重要と考えるのが信頼であると思う。この人はいい加減な調整や対応はしないと思えるかどうか、この人に相談すれば、何とかそれに応えてくれる、あるいは応えようと努力してくれると思えるかどうか、日本人同士の信頼関係と何等変わりはない。こちらでは、信頼を得るために努力していると言っても過言ではない。日頃の起居容儀、勤務態度、調整等における対応等全てが影響すると思っている。

バグダッド日誌（2006年4月30日）

勤勉を美徳とするエルサルバドル

キャンプ・ヴィクトリーには、エルサルバドルから2人の中佐が連絡幹部として勤務しており、大変日本隊と仲がよい。

先日たまたま日本隊コンテナの前を●●が通りかかったので、ハイテク・アマー・ボックスに招待した。

エルサルバドルでは日本のテレビ番組が良く放映されているそうで、中佐の小さい頃には「キャンディ・キャンディ」「ゴジラ」「ウルトラマン」の大ファンだったそうだ。いまでもウルトラマン・セブンの「モロボシ」隊員を覚えていると我々を驚かせた。

今エルサルバドルで大人気のテレビ番組はNHKで放映していた「プロジェクトX」なのだそうで、ますます日本人に良い印象をもっている。

エルサルバドル国民は大変勤勉なのだそうだ。隣国との関係で問題となるのは、エルサルバドル人が出稼ぎで隣国で仕事をすると、勤勉に働くため現地の雇用バランスを壊してしまうそうだ。なるほど二人の中佐も朝早くから夜遅くまで勤勉に勤務している。旧ソ連系で「自分は自国の先任連絡官だ。」と高飛車にふるまいコアリション・オフィスの清掃等も手伝わず、また肝心の仕事もしているとは思えない大尉、中尉とは雲泥の差である。

「勤勉」を美徳として日本人と共有の価値観を有するエルサルバドル、こちらに勤務するまではほとんど知らなかった国であるが、今は尊敬に値する国だと強く私の心に刻まれている。

バグダッド日誌（2006年5月3日）

日本そば最高！

コアリション・オフィス（各国先任連絡幹部の事務所）や日本隊コンテナは活気に溢れ、通常は元気一杯の雰囲気が漂っている。しかしながら、我々も生身の人間であるので常にハイ・テンションを維持することはできない。特別にどうだということもないのだが、なんとなく日本コンテナの雰囲気に停滞が感じられた。

先日、日本コンテナ内の整理をしていたとき「日本そば、そうめん」が大量にストックしてあることに気づき、景気づけに●●と▲▲が夕食に日本そばを作った。

倉庫から大きな鍋、電子調理器を出してきて、そばつゆ、わさび、海苔、更には「わけぎ」までどこからか探し出してきて着々と準備している。食堂から氷を調達してきて準備完了、皆で日本そばを楽しんだ。気温４０℃を超える日が続いており、冷たい日本そばは喉ごし最高！味も最高！皆食べるわ、食べるわ……。結局全員で２０束のそばを一気に消費してしまい、日本コンテナの雰囲気は一気にハイ・テンションになった。

バスラ日誌（2006年5月4日）

最近、水不足の影響かシャワーの水が出なくなることが頻繁にある。もともと、水が少なくコンバットシャワー（身体を濡らすのに30秒、身体を洗ったのを流すのに30秒だけ水を使用するシャワー）が義務づけられていたが、いよいよ深刻になったようだ。やはり、ここイラクでは水というものは貴重なものだというのを身をもって感じさせられる。また、私がバスラに来た当初は、1週間で温泉に行きたいと感じたが、今となっては家の狭いお風呂でもいいから入りたいと思うようになった。日本では、当たり前のようにお風呂に入っていたが、それもここでは非常に有り難い行動だと実感することができる。今、現在日本は非常に裕福であるが、戦後の日本も現在のイラクと同様にインフラが整っていなかったと考えることができる。そう考えると、一日でも早くイラクも戦後復興し裕福になれるように、ここイラクで少しでも役立つように微力ながら一生懸命業務に取り組んでいこうと改めて実感した。

バグダッド日誌（2006年5月8日）

Al Faw Palace

多国籍軍司令部が所在するパレスは、正式には Al Faw Palace という名の宮殿で、チグリス川から水を引いた湖の真ん中に荘厳と建っている。

この宮殿は、イラン・イラク戦争における要衝 Al Faw 正面における会戦での凱旋記念で建立されたそうだ。本日は、Al Faw Palace について紹介したい。

「Al Faw」という地域はバスラの南東に位置しイラン・イラク戦争間にイランが最も重視した地域であり、1986年2月についにイランの手に落ちた。

Al Faw 地域は下図にあるとおり、イラクにとって唯一ペルシャ湾に面する地域である。またイランがここを占領することによりクウェートに対して直接イランの影響が及び、更にはサウジ・アラビアにまで脅威が及ぶということもあって、米国が「Al Faw」地域を奪回するためイラクを支援をしたそうである。

サダム・フセインはあらゆる犠牲を払ってでも Al Faw 地域を奪回すると宣言し1988年にようやく奪回に成功した。

Al Faw Palace はイランからの解放を祝して建てられたものであり、イラクでの最も大きな宮殿の一つである。中に入ると大きな吹き抜けのホールには目も眩む様なシャンデリアを見ることができ、またホール内にはサダム・フセインが使用していた椅子が飾られており、とても豪華な作りになっている。

この由緒ある宮殿で勤務できることに感謝し、日々努力を重ねている。

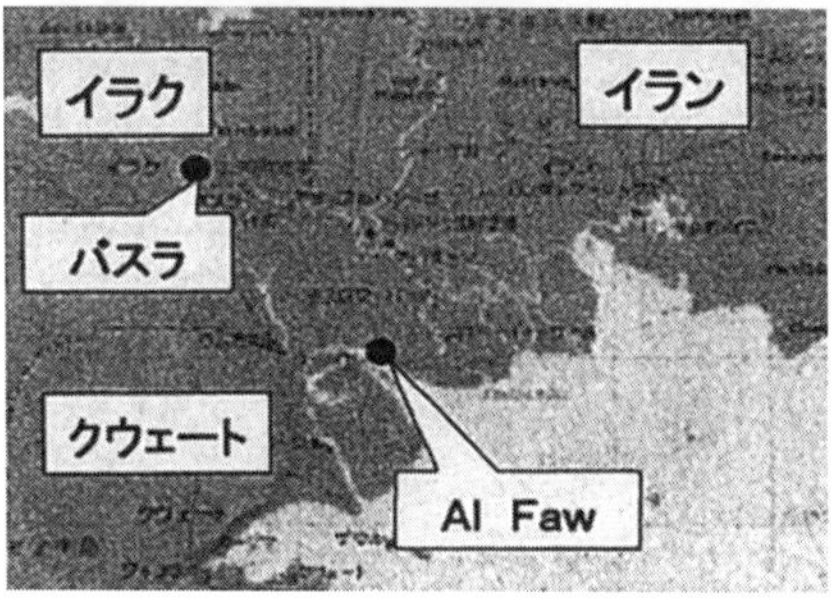

バグダッド日誌（2006年5月13日）

バーデン・シェアリング（負担の共有）

●●はここ2～3日下痢、発熱で少し体調を崩していた。体調をくずしたのは砂嵐の影響だと本人は言っているが、私はそうではないと感じている。●●

と▲▲はMNC―Iの情報部におけるスタッフとして勤務しており、勤務の主体は「日本」ではなく「多国籍軍」である。情報部では一つの研究命題に対して約2週間の期間を与えられグループ作業を実施している。この研究命題に対する発表責任者をチーム・リーダーと称して全ての取りまとめを実施する。つまりチーム・リーダーとしての2週間はかなり大変な勤務となっている。このチーム・リーダーを●●は4回、▲▲は3回実施している。他国のLOがローテーションの間に2回程度のチーム・リーダーを実施するのが通常であることを考えると、日本隊はかなり信頼されていることになる。●●と▲▲の二人は「使われているうちが花だ。」と気にもとめていないが、●●はかなり疲れがたまっていたのではないかと思っている。

スタッフLOの●●が献身的に多国籍軍の負担をシェアしているので、勤務の主体を「日本」においているナショナルLOの■■はかなり強気の態度で調整ができるといえる。

他方、イラク派遣のための準備訓練から親しくし、労苦をともにしてきたバスラ連絡班から聞こえる悲鳴は「バスラ日誌」から痛いほど感じることができる。

バスラはMND（SE）から多大な支援の「TAKE」を受けても、「GIVE」することが限られるのだと想像する。日本人の美意識として「与えられるまま」は日本人としての誇りが許さない。

我々バグダッド連絡班からバスラ連絡班へ貢献できることは極めて限られているが、バスラから何らかの要請があれば全力展開で協力するつもりである。

バグダッド日誌（2006年5月16日）

整備日の設定

バグダッドではコアリション20数カ国が所在する。各国の軍人と伍して勤務できる環境に毎日感謝しながら勤務している。

先日業務支援隊長にバグダッドを訪問して頂いた際に、カウンセラーから整備日を設けていないことを指摘され、なんとか週1日の整備日を設定しようと努力した。まず私から整備日を設定しないと、誰もとれないであろうと想像してBUA（朝の指揮官報告）から戻ってからは戦闘服を着ないでいようと心に誓った。しかしながら、10時頃にはコアリション・オペレーション副部長から呼び出しがあり、午後もイタリアのLOとの調整が入ってしまった。結局私が前例を作ることに失敗したせいか、誰も整備日を設定することができなかった。「今日は、戦闘服をなるべく着るな！」と指示しても結局無駄であった。無理に整備日を設けようとすると、かえって全員がストレスを感じてしまっている。

たしかに各国のLOも毎日オフィスに出勤しており、とても日本隊だけ整備日を設ける雰囲気ではない。また、よくよく考えてみると、ここでの勤務自体が充実しており、毎日オフィスに顔を出す瞬間が最も幸福感を感じる時だ。私だけでなく連絡班全員が、「ここでの勤務が、自分の性にぴったりはまっている。」と心の底から思っている。それほどまでにここでの勤務は刺激的で、日の丸を背負って仕事をしているという充実感がある。

日本に帰りたくない訳ではないが、一日も長くここで勤務できることを皆で祈っている。

バスラ日誌（2006年5月16日）

師団司令部の要員もかなりの人が交代し、我々が来る前からいた人は数えるほどになってしまった。昨日の朝会議で副師団長●●も新副師団長を紹介され、お別れの言葉を述べられた。既に今頃は故国に到着されていることと思う。J9のメンバーも今月10名弱の人が入れ替わると聞いているし、J2の顔ぶれも随分と替わった。J3でも我々より古い人は4~5人である。不思議なもので、毎日朝から晩まで顔を合わせ、同じ釜の飯を食い、合宿のような生活をしていると、国は違っても仲間意識が生まれ、とても親しく接することができるようになる。それ故に、別れの時が来るととても寂しい。

別れがあれば出会いもあり、また新しく赴任された方々との新しい人間関係が生まれる。今度、新工兵部長として来られた方は、▲▲という方である。どこかで聞いたような名前だが覚えておられるだろうか？4月19日まで幕僚長として勤務していたあの方が、噂通り、本当に工兵部長として赴任された。信じられない。師団の朝会議では、師団長のお隣から、私の斜め対面席に降格（？）である。冗談みたいな人事だが、現幕僚長の■■も▲▲の前の幕僚長らしい。英軍の海外勤務のローテーションはかなり厳しいようだ。先日伊軍の方からも、イラクから帰ったら年末にはアフガニスタンだと聞いた。伊軍も海外8カ所程に部隊を派遣しているようで、こちらも同様の厳しい事情のようである。『イタリア本国は誰が守っているのか』と聞いたら笑っていた。

バスラ日誌（2006年5月17日）

この写真は、師団司令部の建物の内側にある空間である。中庭のようなものだろうが、枯山水があるわけでもなく、殺風景な場所である。写真手前も、同じような壁で取り囲まれた四角い空間だが、エアコンの室外機が28、ホール用大型エアコンの室外機2を加えると、30台が殆ど常時稼働し、それでなくても暑いのに、気温を上昇させてくれている。喫煙者にとっては、なくてはならない数少ない喫煙所であるが、日除けも何もないので、日中は強い日差しに悩まされ、喫煙者に対する拷問施設のような場所でもある。しかし、哀れな愛煙家達は、悲しくもここに集まって来る。イラクを無帽で歩くような無謀なまねはしないようにと日本から同期の優しい言葉も頂いているが、喫煙所にまでは、帽子を被ってはいかないので、刺すような直射日光を直接浴び、私の頭皮も黒くなった。でも、ここでの情報は結構役立っている。

バグダッド日誌（2006年5月19日）

アイ・オー・キャンペーン（情報戦）

先日、NHKニュースの特集においてイラクの子供達に対するテレビの影響について報道されていた。

最近、イラクの子供達の間で玩具の銃で遊ぶのが密かに流行っているそうだ。イラク人の母親は息子に対し銃で遊ぶのは止めるよう説得するが、子供は「将来は警察官になって悪い奴らをやっつけるんだ！」と正当性を主張している。

子供達がこのように銃で遊ぶようになった背景には、イラク警察のコマーシャルで、「銃撃により犯人達を掃討する」映像を格好良く放映しており、これらの影響を強く受けているとＮＨＫは紹介していた。

このイラク警察のコマーシャルを見たとき私と●●は驚愕した。このコマーシャルは、先日のサージャント・メイジャー・ミーティング（部隊最先任曹長会議）で、キャンプ・ヴィクトリーの心理戦部隊が製作し、紹介していた「ビデオそのまま」であったからだ。イラクの子供はすっかりこのコマーシャルの影響を受けているようであり、多国籍軍の▲▲が発揮されていると感じた瞬間でした。

天然サウナ

昨今、ここバグダッドではめっきり熱くなってまいりました。皆様いかがお過ごしですか？

職場の隣に常設される簡易トイレには常に厳しい日差しが降り注いでおります。昼間に便座に座ると、凄いんです。電気も入ってないのにかなり高温の「ホット便座」です。更にトイレの中は高温高湿でまさにサウナ状態です。このまま、気を失ったら恥ずかしいと自分に言い聞かせ、意識をしっかりと保つようにしております。

温度計と砂時計を準備しようかと思っております。

バスラ日誌（2006年5月19日）

ここバスラ・エア・ステーションにも、米軍のキャンプとは比較にはならないが、こぢんまりとした売店群がある。コンビニのような普通の売店、喫茶店、怪しいイラク土産などを売っている店、そして3つの食べ物屋（カレー屋、ピザハット、サブウェイ）がそれである。

普通の売店は、NAFFIと呼ばれ、米軍のPXと同じ感じではあるが、軍用品は非常に少ない（その他の品物も多くはない）。喫茶店は未だ入ったことはないが、たまに売店に行くと結構多くの人が利用しているようだ。何が売っているのかは確認していない。

怪しい土産屋は2店舗あって、1つは電気製品やCDなどを販売しており、品質的にかなり怪しいものが並べてある。もう1つは、いわゆるお土産屋で、イラクのものらしい土産物を売っている。こちらは見た目から怪しい雰囲気である。

最後に食べ物屋だが、カレー屋はクウェートにあるお店からこちらに来ているらしく、お店を紹介するパンフレットにはクウェートの住所や電話番号が書いてある。かなり本格的なカレーを食べることができ、私はJ9の新着任者歓迎会で利用したことがあるが、なかなかおいしかった（辛いけど）。ピザハットとサブウェイは皆さんご存じのファーストフードで説明の必要はないと思う。私は以前から何処の国がイラクに出店しているのかが疑問だったので、サブウェイの店員さんに訊いてみると、クウェートからであると教えてくれた。イラクに展開しているサブウェイはクウェートからで、更にアフガニスタンに展開しているサブウェイもクウェートからだということだった。彼が「日本にもサブウェイがあるのか」と訊くので、私は「全く一緒なのがあるよ。」と答えると、「世界中で同じなのかな」と不思議そうにしていた。確かに東京やニューヨークといった大都会でもサブウェイだし、バスラやバグダッドという弾が飛んでくるところでもサブウェイである。世界各地に店舗を展開するとはいえ、マクドナルドやピザハット、スターバックスといったフランチャイズ・チェーン店舗の、準戦場ともいえるイラクにまで店舗を展開するその展開力というか、商魂の凄さに改めて感心した。

バグダッド日誌（2006年5月21日）

4回目の追送品到着！

追送品は家族からの荷物とともに、陸自留守業務センターから雑誌、新聞等を送ってもらっている。バグダッド連絡班内で人気のあるのは「ターザン」というスポーツ雑誌でこれを読みながら、日本コンテナ内でのトレーニングの励みとしている。また防衛ホームや朝雲(※)で国内の状況を確認し、帰国してから浦島太郎にならないように気をつけている。

（※）防衛専門紙

バスラ日誌（2006年5月21日）

日中は拷問施設のように暑い喫煙所では、さらなる危険が待ちかまえている。紳士の国英国のはずであるが、こちらの皆さんは少々お行儀が悪く、1階2階に拘わらず、窓を開けて飲み残しのコーヒーや水を外に（中庭に）向かってバシャ、バシャっと捨てるので、日陰を求めて壁際に立っていると、とても危険である。今のところ、コーヒーを頭からかぶった人を見たことはないが、注意が必要である。ここでも喫煙者は肩身の狭い思いをしているわけで、窓から捨てる方々と目が合っても、涼しい顔で悪びれたところは全くない。中庭に敷き詰められた砂利は、窓の下の部分だけコーヒー色に染まっている。

バスラ日誌（2006年6月1日）

先日、1日の業務を終えて、2415頃宿泊コンテナに戻ると同部屋の某1尉（本人の名誉のため、本名は伏せさせて頂きます。）が、手にモップを持ち、ベットの上にあぐらを掻いて神妙な顔をしている。異様な雰囲気に私が「どうしたんだ」と聞くと、「侵入されました。」と一言。何！軍関係者しか宿泊していないこんなところで泥棒騒ぎか、なんてことだろうと思い、「何、取られた」と聞くと、「いいえ、ネズミに侵入されました。」と拍子抜けする回答。彼曰く、「２２００頃帰ってきて、ドアをあけると目の前にネズミがいました。これはやばいと思い、追い出そうとしましたがどこに行ったか分かりません。こうやって出てくるのを待っているところです。」、私「そんなにでかいネズミなの。」、彼「いえ、これくらい（約５～６ｃｍくらいか？）です。」、私「そんなの、ほっときゃいいじゃん。」、彼「えっ●●さん、イヤじゃないんですか。」、私「そんな小さかったら、かじられてもたかが知れてるだろ。もしかして、ネズミが怖いのか。」、彼「……どちらかと言えば、怖いです。」。とりあえず夜も遅く、明日の業務に支障が出るといけないので、不確定状況を嫌がる某１尉を説得してそのまま寝ることにした。

その後、ネズミは出てこないのでたぶん追い出すことに成功していたのだろう。寝る前に某１尉は、ネズミに侵入されたと思われる経路（コンテナの隅にネズミが通れそうな隙間ができていた。）を一生懸命塞いでいた。何が起こってもボーとしていそうな彼が、小さなネズミ1匹を怖がって私の帰りを待っていたのが、滑稽というか、かわいらしいというか、新たな一面を発見した気分である。

そういえばこの前彼は、今怖いものは、「ロケット、雷、班長、先輩」などとバスラ日誌に書いていたような気がする。ネズミは4位以内に入っていないのにあの怖がりようなので、まだまだ私の怖さは不足しているようだ。班長の明確な方針の下、「怖いもの順位：第4位」の名に恥じないよう、ビシビシ指導していきたいとの気持ちを新たにした（半分冗談、半分本気です）。

バグダッド日誌（2006年6月2日）

暑気払いに冷や素麺

連日50℃を超える暑い日が続いている。昨日は特に暑さが厳しくパレス（多国籍軍司令部）ゲートの温度計は56度を指していた。道路のアスファルトも灼けムッとしている。夕方5時頃少し涼しくなったと思って日本隊コンテナ裏にある温度計を確認するとまだ48℃を指している。

毎日米軍仕様の食事を食堂で楽しんでいるが、この暑さでステーキ、フライド・チキン、ハンバーガーではさすがに皆の食欲も落ちてきて、グロッキー気味である。

そこで先日、業務支援隊長がバグダッドを訪問してくださった時に持ってきて頂いた素麺つゆ（200ccの缶ジュースタイプ×12）を使わせてもらい冷や素麺を楽しんだ。素麺は4次隊が残してくれていた最高級の「揖保の糸」、食堂から沢山の氷を調達して、冷たい喉ごしの素麺を心ゆくまで味わった。食べた量はというと、5人で24人前の素麺を一気に平らげ、食後は身動きがとれないほどであった。

久しぶりに「日本」を感じることの出来た楽しい一時であり、すっかり暑気払いをすることができた。明日からはまたハンバーグを頬張りながらお国のために頑張りたい。

バスラ日誌（2006年6月2日）

日本でもコーヒーなどを飲む時、側にいる人に「コーヒー飲む？」と話しかけることはあるが、イギリス人はその程度ではない。部屋の中にいる全員に何か飲むかを聞いて回る。今まで最大で8人分位をいっぺんに作っているのを見たことがある。しかも、作ったり、配ったりする作業をするのは、基本的に作ると言い出した人だけ。作ってもらう人は自分の席に座って書類を読んだり、パソコン作業をしている。作った人は、それぞれの要求（ブラック、ホワイト、砂糖ありなし、紅茶は更に種類有り）に応じたコーヒーなり、紅茶なりを作って、みんなに配る。勿論、お礼は言うが、気まずそうな雰囲気はない。日本人の私は、思わず自分の分を取りに行ってしまうが、みんなお嫌いなしである。イギリスではそれが普通なのだろう。大抵自分が何か飲もうとする時、みんなに声をかけている。私も「郷に入っては、郷に従え」で、コーヒー、紅茶を飲む時は、みんなに声をかけ、みんなの分を作り、配っている。

バグダッド日誌（２００６年６月５日）

充実した毎日

多国籍軍司令部での勤務は、毎日が小さな喜びの積み重ねであり、充実した毎日を送っている。

まず、朝から通りで出会う多国籍軍の仲間と大きな声で挨拶して、小さな幸せを感じる。そして朝の指揮官報告（ＢＵＡ）で前日よりも良く英語が聞き取れたことに幸せを感じ、なかなか言えなかった英語のフレーズが「言えて、通じて」満足感を覚えている。

小さな充実はこれだけに留まらない。今日は腕立て８００回の目標をたて、これを達成して喜び、腹が減り昼食に何を食べようか思案して楽しみ、なかなか見つけられなかった調整先を見つけ、調整がうまくいって充実感を覚え、家族からメールが届いていては、いちいち喜んでいる。一日の中で沢山の喜び、楽しみを見つけ充実した毎日である。

勿論、「楽しいこと、良いこと」ばかりではなく時には腹立たしく思ったり、ストレスを感じたりしながら、疲れてぐっすり眠り、また翌朝には爽快な気分で小さな充実を積み重ねている。

日本を出国して丁度150日が過ぎた。毎日が充実し、あっという間の事に思える。帰国まであと何日あるかは分からないが一日一日を大切にぬかりなく頑張っていきたい。

バスラ日誌（2006年6月5日）

昼休みに売店に行ってみると、店内がワールドカップバージョンに模様替えされていた。イングランドの国旗、帽子、ユニフォームやマグカップ等イングランドに関するグッズが、所狭しと陳列されている。

やはり、イギリスの人達はサッカーに目が無いということを知ってか、売店側が気を使って模様替えをしたのだろう。そういえば、師団司令部J3の片隅の掲示板にもワールドカップの対戦表が掲示されている。

その対戦表は司令部で勤務している人がいる国はしっかりと色づけされている。（日本はなぜか水色で着色されている。）また、居住区においてもヘスコ（※）の上やコンテナとコンテナの間の通路に小さなイングランドの国旗を掲揚しているのが目立つようになってきた。遠く離れたイラクの地からイングランドを応援している姿はすさまじいものを感じる。私達は業務に専念するため（テレビが壊れているため？）生中継で日本戦を観戦することはできないが、イラクの地から愛国心を旺盛にして応援したい。

（※）大型の土嚢

バグダッド日誌（2006年6月10日）

ワールド・カップ・サッカー開幕！

昨日サッカー・ワールド・カップが開催した。日本隊コンテナに設置してあるテレビはJSTVという衛星放送と契約しており、日本の番組を見ることができる。しかしながら、残念なことに放映権の関係でサッカー・ワールド・カップを見ることはかなわない。

　バグダッドで勤務してから大きなスポーツの祭典が実施された。トリノ五輪、ワールド・ベースボール・クラシック（ＷＢＣ）が実施され、これらのいずれも映像で見ることはできなかった。インター・ネットで女子フィギアのゴールド・メダリスト荒川静香選手が得意とするイナバウアーという技を写真で見ることはできるが、映像では未だ見ることはかなわず「そっくり返って」滑るのか？と想像を巡らせている。

　トリノ五輪、ＷＢＣの時には、ＪＳＴＶのスポーツ・ニュースが放映されると、テレビ画面が「コピー・ライトの関係で映像をお送りできません。」と表示され、音声だけ聞こえてくる。まさに「蛇の生殺し」状態であった。今回のサッカー・ワールド・カップの約１ヶ月間も同様にストレスの溜まる放送になると感じている。

　ところでＭＮＤ（ＳＥ）英軍ＬＯに、「サッカー・ワールド・カップが観られなくて大変だね。」と話しかけると、本国から衛星放送レコーダーを急遽取り寄せ観戦できる態勢を整えたそうで、さすがフットボール発祥の地であり、これを見逃す訳にはいかないようだ。

我々は日本に帰ってから結果の分かったビデオ映像を安心して楽しみたいと、その日を心待ちにしている。

なにはともあれ、バグダッドの地から「サムライ・ブルー」の活躍を祈念している。

「頑張れ！ニッポン！」

バスラ日誌（2006年6月11日）

サッカーのワールドカップも始まり、司令部でもサッカー好きの皆さんは、かなり真剣に試合の行方に注目しているようだ。こちらにも豪軍の方がたくさんいらっしゃるが、日本隊LOにもかなり挑発的な言動で対抗意識を燃やしている。

夜間、J3の大型テレビ画面に試合の様子が音声なしで映し出されると、日本隊LOの机の横あたりが特等席となるため、椅子を持って人が集まってくる。英軍の方が「僕は日本を応援するよ。」と言ってくれるので、大変うれしいが、そばにいた豪軍将校は渋い表情で「オーストラリアが勝つ。」と言って譲らない。

星取表を作って、日本が3勝、豪国が2勝1敗、ブラジルが1勝2敗、クロアチアが3敗で、日豪2国で決勝トーナメントに行くことができればいいではないかとなだめると、豪国を3勝に書き換えて「これならいい。」と言うので、『It's OK!』と答えておいた。

明日はいよいよ日豪決戦、日頃お世話になっている豪国ではあるが、勝負の世界は厳しいし、サッカーチームの皆さんで日本隊が豪軍に警護してもらっていることを知っている人はいないだろうから、勝たせていただこうかと思っている。当たり障りなく「引き分け」の方が今後のためにはいいかもしれないが。

サッカーのワールドカップの応援のため、あちらこちらで国旗や応援旗がなびいている。日本の対戦相手となるオーストラリアは、カンガルーがサッカーボールを蹴っている黄色い応援旗を、豪軍の民間車両にまで取り付けている。私は応援旗を見るたびに、オーストラリアには負けられないと(選手ではないが)闘志を燃やしている。

また、J3部長もデンマークの国旗をリュックサックに2本もさしている。

師団司令部においてもいよいよワールドカップの応援に熱が入ってきた。と思っていたら、どうもデンマークはワールドカップに出場しないということが分かった（師団司令部派遣国の中でデンマーク、ルーマニア、リトアニアがワールドカップに出場していない）。出場していない国の人達はかやの外でかわいそうだなと感じるとともに、日本が出場していてラッキーだと感じた。

バグダッド日誌（2006年6月13日）

日本代表として

キャンプ・ヴィクトリーには20数カ国からの将兵が勤務している。そのほとんどの方が尊敬に値し、ともにイラクの復興という同じ志を持つに値する人ばかりなのだが、沢山の人がいれば中にはそうでもない方もいる。

「帽子を被らず、くわえタバコで歩く」「ピック・アップ・トラックの荷台に乗って移動する」「勤務時間になっても集合できない」「アイスクリームを食べながら外を歩く」、食堂では「列に待っている間につまみ食いをする」「ジュースを飲みながら歩く」等々、各国の国旗をつけた戦闘服を着てよくも恥ずかしくもないと、つい眉をひそめてしまう。

バグダッド連絡班は、一人一人が「日本代表」、「日の丸を背負う気概」をもって勤務している。

バスラ日誌（2006年6月13日）

昨日の日豪決戦は、豪軍から日頃警護して頂いていることもあり、よい結果であったと前向きに考えよう。サマワでも日豪合同観戦されたそうで、気持ちよく帰って頂けたのではないだろうか。こちらでは、先日ラグビーで豪国チームが英国チームに勝った恨みもあるのか、英国軍人の殆どは日本側応援団、デンマークも日本側で、ホーム戦のようだった。（司令部の情報収集用画面で見たので、音声なしであり、応援と言っても地味なものだが。）アウェイの豪国将校の皆さんは不服そうだったが、勝負には勝って最後は御機嫌だった。「おめでとう」と言って握手をし、日本武士道の潔さを示したところ、敵もさるもので、日本チームにはすばらしい選手がたくさんいる、負けるかと思ったと言ってくれた。その後も、色々な方から、「残念だったたね。」「最後はどうしてしまったんだ。」などと声をかけて頂き、傷口に塩を塗られるようではあったが、とてもありがたかった。答えは、『今日は残念だったが、我々はブラジルとクロアチアを倒すから大丈夫だ。』である。「ブレイブマン」と言われた。文字通り、勇敢だと認識すればよいのだろうか？　それともちょっと無理だろうという意味だろうか？

世界一のチームに勝って、決勝トーナメントに行ければいいのだが。

バグダッド日誌（2006年6月15日）

サマーワ訪問（その2）

バグダッドからブラックホークに揺られること1時間半、我が日本隊主力がいるサマーワに到着できた。宿営地にはわずか3時間しか滞在できなかったが、群長、隊長そしてなつかしい方々にも多数お会いできて本当に有意義だった。

特に貸切の露天風呂につかってサマーワの抜けるような青空を見たときは、5ヶ月に及ぶ疲れも吹っ飛んで、残りの期間を主力の安全に資するために全力で頑張ろうとの活力を得ることができた。本当にありがとうございました。

「入浴・食事」特別コース

訪問間、最も感銘を受けたのは、やはり入浴。「貸切●●・▲▲御一行様」の看板のある露天風呂。群の需品班の方が嫌な顔ひとつせずに準備してくれていた。(残念ながら階級氏名を聞こうとしたが入浴後に姿は見えず。)椅子に洗面器、シャンプーリンスが準備してあり、先ず感動。座って身体を洗えたことに感激、開放感溢れる露天風呂に感無量でした。身体の芯から暖まるこの心地よさ、狭いシャワー室とは違うこの開放感にはイラクに来て以来初めて無邪気に笑いがこみ上げてきました。2名共10秒に1回のペースで「最高だ!」と言葉を発していました。

風呂上がりの昼食には鯵フライとエビフライ。イラクの地で食したこの日本料理の感動は一生忘れないことでしょう。

心と体の疲れを癒す日本式風呂、身体に活力を与える日本食、心を落ち着かせる和服美人による茶会には、戦力回復に優る精神衛生的効果を感じました。

ブラックホーク遊覧飛行

最下級幹部の私は最後にヘリに乗り込む。空いている席は最後列最右翼、右前方に窓枠があり（進行方向の景色が一望できる最高の席だ！）と一瞬思った。しかし、イタリアの警護員が何故かゴーグルを貸してくれる。若干理解不明であったがイタリア人の優しさと解釈。然し、離陸するやいなやその意味を理解した。窓のシールドがないのである。

高速走行中の車両から顔を出している状態を想像していただきたい。顔の肉は後方に突っ張られ、右の鼻穴から入った強風は左の鼻穴に抜ける。よだれと鼻水は瞬時に耳まで飛んでいき、ゴーグルの右目側は食い込み、空気の入り込む左側は涙で一杯になった。快晴の中での折角の遊覧飛行は景色もまともに見えず苦痛の1時間半であった。

夏のヘリには窓のシールドがないようだ。

バスラ日誌（2006年6月17日）

国際捕鯨委員会（IWC）第58回総会が16日夜（日本時間）開幕した。カリブ海の島国セントクリストファー・ネビスにおいて5日間の日程で実施されるそうだ。イラクに来てまで日本の捕鯨問題が影響するとは思わなかった。J3の無音声大画面に日本の捕鯨船が鯨を仕留める場面が映し出され、海面が血で赤く染まっている。航空輸送調整担当●●のブーイングに始まり、いつも親しく話しかけてくれる▲▲も「鯨を捕るのは良くない。」と言っている。『日本人には、昔から鯨を食べる習慣がある。野蛮だと思う？』「思う。」『でも、日本人も150年前までは、牛を食べるのは野蛮だと思っていた。』「今は食べるだろ。」『150年前に西洋文明が入ってきてからだ。』「豚も食べなかったの？」『4本足の動物は食べなかった。魚と鳥だけだ。』「宗教的な理由か？」『仏教の影響かもしれない。日本人はみんなベジタリアンだった。』「でも鯨はね。そんなにたくさん食べるのか？」『私は、もう何年も鯨を食べたことはない。殆どの日本人もめったに食べられない。』「特別の料理なんだね。」（違〜う。私が小さい頃は庶民の料理だった。いつも鯨でイヤになったくらいだ。肉が高くて買えないとき、魚や鳥、鯨でタンパク質を摂っていたんだ。反捕鯨国がとらせてくれないから庶民には手が届かなくなってしまった……と言いたかった。）もっとしゃべれたらちゃんと説明するのだが、英語に直せる範囲で答えているので、かなり適当な説明だった。でも良かったかもしれない。英国が反捕鯨国の親分とは知らなかった。あまり余計なことを言って、ヘリ支援を減らされたら困るから。

バグダッド日誌（2006年6月18日）

コアリション副部長●●フェアウエル・パーティー

昨日コアリション・オペレーション部副部長●●のフェアウエル・パーティーが実施された。●●は大変な親日・知日家で時計はセイコー、ジョギング・シューズはミズノ、アメリカの自宅の乗用車はトヨタ、ボートのエンジンはヤマハ等々とにかく日本の製品を愛している。好きなのは日本製品ばかりではない。横田で勤務したことがあり、日本人の礼儀正しさや几帳面さから「日本」を大変信用してくれている。他のコアリションLOがいない時は「Most favorite coalition country, Japan!」と言って、大佐のオフィスに私を招待し、日本に勤務していた当時の思い出話に花を咲かせていた。大佐は日米同盟の重要性を強調してくれる心強い理解者である。

●●は私が調整で困っている時など何度も骨を折ってくれた。特にバグダッド到着当初に調整が上手くいかなくて意気消沈していた私を心配して、わざわざ日本隊コンテナまで励ましに来てくれたこともあった。また私が実施した調整に誤解が生じて、コアリション内で大変な思いをしたことがあったが、この時も●●は、「俺はもう定年退官を迎える。この誤解の責任は俺がとるから心配するな。」と私を守ってくれる親分肌の頼もしい上司であった。今思い返しても語り尽くせない思い出が蘇ってくる。「エイプリル・フール」で騙されたり、オフィス内でアメフト・ボールでキャッチ・ボールをしていてプリンターを壊してしまったのも●●との良い思い出である。

●●は、今回の任務が終了後所属部隊のドイツに一旦戻り、その後アメリカに帰国し定年退官を迎えると自分では言っている。（私は是非将官に昇任して勤務を続けて欲しいと思っている。）
　イラク任務終了後もお互いに連絡を取り合い、アメリカ、日本を訪問した際は必ず遊びに行くことを約束した。私がアメリカを訪問した際は「トヨタのピック・アップ・トラックで海に行き、ヤマハのプレジャー・ボートで釣りをして、寿司を食べよう。」と嬉しいことを言ってくれる。ここでの付き合いは一生ものだと、つくづく有り難く感じている。
　また今回のフェアウエル・パーティーでは、サマーワから送って頂いた記念品を渡すことができ、●●も大変感動していた。いつもながらサマーワには感謝している。

バグダッド日誌（2006年6月19日）

マリキ首相、ムサンナ県治安権限の移譲を発表

●●がロイターが発表したのをいち早くインターネットで見つけ、報告してくれた。早速日本コンテナのテレビをBBCに変えたが確認できず、日本時間の夜7時のNHKニュースで初めて確認できた。バグダッド連絡班一同気を引き締めてニュースを見ながら、今まで以上に気を引き締め、抜かりのないように業務しようと皆で誓い合った。

コインを眺めながら……

米軍将兵は自分の所属部隊のコインを常に携行し、バーなどの盛り場で挨拶する際には所属部隊のコインをテーブルの上に出して自己紹介代わりにするそうである。この時にコインを忘れた人は、無粋だとして全ての勘定を支払わされるそうだ。

バグダットにおいても少なからずコインを貰ったり、渡したりする機会がある。コインを渡す時には基本的なルールがあり、「親友関係」になった時や「本当にお世話になった時」に初めて渡す。つまり、初対面の方に挨拶代わりに渡すというのではなく、「親友となり、お前は自分の部隊の同僚と変わらず気が置けない。」または、「お世話になった。お前は俺達の仲間だ。」と認識して渡すものである。

日本からサマーワへ高官が訪問する際、色々な部署にお世話になる。高官の訪問が滞りなく終わってから、「日本からの高官訪問を、あなたのお陰で無事終了できました。有り難う。」とコインを渡すと、渡された方も「自分の仕事が役にたった。」と認識して本当に喜んでくれる。また任務終了を間近に控えたコアリションの親友に「お前は俺の一生の友人だ！」とコインを渡すと、渡された方も「日本隊の友人」となれたことを誇りに思ってくれる。これらコインは出国前に業務支援隊1科が準備してくださり、そのお陰で業務が円滑に実施できている。また9次群、10次群のコインも追加で送っていただき、お世話になった方々に不義理とならないで居られ、感謝している。

我々バグダッド連絡班も「仕事」、「人間関係」を通じて少なからずコインを貰うことが出来た。一個一個に思い出があり、コインを眺めながら「今までしてきた仕事」や「友人」の顔を思い出し、また誇りに思うことができる。残された期間、「コイン」を渡したり、貰ったりできる「友人」をつくり、感謝される「仕事」を引き続き実施していきたい。

バグダッド日誌（2006年6月20日）

陸自撤収発表後の反応

陸自のイラク撤収発表のニュースをコアリション各国が認識しはじめたのはバグダッドの午後のことで確認の電話が相次いだ。

朝の指揮官報告（BUA）で度々陸自撤収に関する報道を紹介しており、その度にコアリション各国LOからの事実確認に対して「正式な発表は何らなされていない。」と回答してきただけに、今回の反応は、「日本の（※）プライム・ミニスターが発表したとの報道があるが今度こそ本当か?」というものであった。米、英、豪以外のコアリションの国々から午後になって頻繁に事実確認の電話があり、日本の動向に対する関心の高さを実感した。

コアリション各国LOの印象は一様に「日本が撤収すると聞いて残念に思う。」というものであったが、「空自は引き続きイラク支援を実施する。」ことを伝えると「それは良いニュースだ。」と非常にポジティブな反応が返ってくるのが印象的であった。

（※）首相

バグダッド日誌（2006年6月23日）

陸自の活動に感謝するバグダッド・モスキートの声

昨日、インターナショナルゾーンで、多国籍軍情報部が定期的に「街の噂」を収集するモスキート・ミーティングに参加した。本ミーティング、モスキート編集室の引越し作業があったためしばらく中断しており、今回が久しぶりの再開となっていた。

ミーティングが始まると、いつものようにシーア、スンニ、クルド等様々な「モスキート」たちが街でささやかれている噂を順に報告、その後は、特定のテーマについての意見収集へと移った。今回のテーマは、先週米軍3名が犠牲となった襲撃事件、ザルカウイの後継者関連、街の治安状況等であった。これらに関する活発な意見を聞いていると、このところ撤収関連でなんとなく区切りのようなものを感じていた私には、変わることのないバグダッドの厳しい現状を再認識させられることとなった。

さて、ミーティングの最後に多国籍軍参会者からの質問時間となった。そこで私の方から、多少場違いかと思ったが「治安権限委譲に伴い陸上自衛隊が撤収するが、2年半に及ぶ活動の評価について聞きたい」とストレートに投げかけた。すると、これまで3時間に亘るミーティングで多少疲れ気味であった彼らが、堰を切ったように一斉に大声で意見を述べ始めた。その勢いは大変なもので、一斉に話すことから何やら聞き取れない。チーフもたまらず「1人ずつにしてくれ！」と叫ぶほどである。よく聞くと「日本は良くやってくれている」「莫大な資金を投じて大きな発電所を作ってくれたと聞いている」「戦争に来たのではなく、技術者が沢山来てくれていると聞いている」等々。そして全員が口々に陸自の活動に感謝の言葉を述べている。ようやく、場が落ち着いたところで、1人の女性が締めくくるように「私達は本当に深く感謝しています。イラクの国民は全員、日本人が大好きです」と意見を述べてくれた。私は、イラクの各層の人々全員からポジティブな意見を、直接聴くことができ、胸を熱くするとともに、サマーワから遠く離れたバグダッドの片隅で、これまで一隅を照らす思いで勤務してきたことが報われた気がした。

ミーティングが終了し、帰路につく彼らを見送っていると、一人の男性が「日本にはもっともっと長くいてほしい」と声をかけてきた。「陸自による活動は終了するが、日本はこれからも引き続き様々な支援を行っていく」と伝えると、とても喜んでくれていた。こうして、モスキートたちは再び自分達の街へと帰っていった。今頃、バグダッドの街角では「日本は引き続き支援してくれるそうだ」との噂が、モスキート達の口から口へと噂されていることと思う。

バグダッド日誌（2006年6月27日）

安全祈願

バグダッド連絡班の日本隊コンテナには神棚を設け、出国前に職場の皆で参拝して頂いてきた靖国神社の安全祈願の御札を祀っている。

毎日の忙しさの中にも各自それぞれが御札に手を合わせ一日の無事の任務完

遂を祈っている。

私の日課は、毎朝御札に水をお供えし、イラク、クウェートでの日本隊の無事をお祈りすることから始まる。いままではプラスチック製のコップでお供えしていたが、前回の追送品で統幕から茶器セットを送って頂いたので、今は陶器の器で水をお供えし、「しっくり」としている。

毎朝、御札に手を合わせる時間は非常に心安らぐ気持ちになり、一日の活力が静かに湧いてくる。

今は全員が無事に帰国し、帰国の折には、この御札を靖国神社にお納めできる日を心待ちにしている。

バグダッド日誌（2006年6月29日）

イラク・オペレーションの名将！ＭＮＣ―Ｉ司令官●●

ＭＮＣ―Ｉ司令官●●は、戦車職種で2004年3月から1年間イラクにおける師団長として勤務しており、今回の派遣は2006年1月から2回目のイラク勤務に就いておられ、間違いなくイラク・オペレーションの名将の一人である。

朝の指揮官報告（ＢＵＡ）ではケーシー司令官の質問に対して、ほぼ●●自ら回答しており、いつもその掌握力に驚きを感じている。

指揮官報告のためＪＯＣ（Joint Operation Center：ＢＵＡ報告会場）へ入る際、ほぼ司令官と同じ時間帯に入っており、私を見かけては気軽に声をかけてくれる。

昨日、●●がＢＵＡ報告席に着いた時は、ＪＯＣにある大スクリーンには9分割でニュースやスポーツが放映されていた。その1画面でシアトル・マリナーズの試合中継をライブで放映しており、突然●●が「世界一のベースボールプレイヤーがでている。注目しよう！」と大きな声で言った。スクリーンに目をやるとイチロー選手の打席が放映されており、ＪＯＣ内幕僚皆が固唾を飲んで見守った。結果は残念ながら「セカンド・ゴロ」、大きなため息が１３０名以上の勤務するＪＯＣ内に響いた。そして●●が私の方を振り返って、残念とばかり、のけ反りながら私にウインクを送ってきた。朝の指揮官報告出席者の視線が●●と私の方に集中し、大変恐縮してしまった。

飾らない人柄の●●は、毎朝パレスに入る際には、警衛の兵士一人一人に握手して炎天下で勤務する隊員を労っている。また先日の米兵2名が行方不明となった時には、指揮官報告後にＪＯＣ内にいた会議参加者全員に対して、この件に関する一切の他言、メール等をしないよう、また行方不明隊員の家族の立場になって行動するように厳しく指示していたのが印象的であった。
●●はシアトル出身でイチロー選手の大ファンなのだそうだ。私は「仕事ぶり」と「人柄」から●●の大ファンである。

バグダッド日誌（2006年7月3日）

多国籍師団担任国の思惑

イラクにおいて多国籍師団を担任しているのは米（3コ師団）、英、韓、ポーランドの4カ国である。この4カ国の思惑を「指揮」「国益」「脅威」の3つの観点で個人的に見ている。

先ず「指揮」の面で考えると米、英、ポーランドは担当師団内で「Multi-lateral Command」で師団地域に自国以外の部隊を率いているが、韓国のみ「Uni-lateral Command」で担当地域には韓国軍しかいない。このため韓国は、担任地域の広さの割に多くの人員を派遣しなければならないが、反面多国間の調整の煩わしさを回避しているとも言える。またポーランドのようにMultiの能力を持つことにより、派遣規模を縮小している面もある。イタリアは現時点でポーランド以上に人員を派遣しているにも拘わらず、英軍の指揮下に入り、師団担当を回避？している。

「国益」の観点では米が「北部のキルクーク油田」、英が「南部のバスラ油田」を押さえ、権益確保の思惑が伺える。ポーランド、韓国は、石油ではなく国際社会に対する「貢献」という形で国益を確保しているように感じる。

「脅威」の観点では、スンニ・トライアングル等の最も危険な地域を米国が担当し、英国もスンニ・トライアングルほどではないが脅威の高い「バスラ」地区で脅威を負い、米軍に次ぐ犠牲を払っている。この観点では韓国軍は安全を第一に考えた地域を担任し、師団を担当しながら未だ一人の怪我人もだしておらず、また任務で一発の射撃もしていないそうだ。ポーランドは、石油等の出ない地域であるが、脅威のある地域の担当であり割に合わない地域である。

総括した私の見立ては、

「米」は高い指揮能力をもち、リスクを背負って犠牲を覚悟しながら唯一の超大国としての責任を全うしている。その中でも石油等の権益をきっちり押さえている。

「英」は、卓越した指揮能力を発揮して、したたかに「石油」の権益を確保している。権益に付随する脅威、犠牲もアメリカに比して非常に小さく抑えている。

「韓」は、安全を第一に高い動員能力をもって貢献し、国際社会における地位向上を図っている。

「ポーランド」は高い指揮能力を活用して、数的にすくない人的負担であるが犠牲のリスクを負い、世界の中でのポーランドの地位向上を図っている。

イラク・オペレーションに参加しているコアリションの中で師団を担当する主要4カ国を見たが、コアリションは「有志連合」といわれる文書協定のない、各国の「志」により作戦に参加しており、現在参加しているコアリション29

カ国が自国の特性に応じて、進んで貢献できることを提供してこの作戦にあたっている。

バグダッド日誌（2006年7月4日）

バグダッド連絡班の微妙な緊張感解消！（食べ物のうらみは恐ろしい？後日談）

日本やサマーワから送って頂いた日本食の残りが少なくなり、微妙な緊張感がバグダッド連絡班内に生じ始めていることを先日紹介した。ところが思ってもみない朗報が●●からもたらされた。

日本隊のコンテナがあるキャンプ・ヴィクトリーに隣接するキャンプ・リバティーのPXに日本のカップ麺（カップ・ラーメンのラベルも日本語）が販売されているのを●●が発見してきた。

種類は日本でもおなじみのチキン・ラーメンやどん兵衛など5～6種類あり、値段も1．5～2ドルぐらいで値段も日本で購入するのとさほど変わらない。アメリカ製のあまり美味しくないカップ麺は30~50セントで販売しているのに比べると割高感はあるが、米兵の間でも人気で飛ぶように売れていると●●が興奮気味に報告する。

たかがカップ麺ぐらいのことで騒ぐ必要はないのだが、今まで生じていた緊張感は、単にバグダッド連絡班が食いしん坊で、やや食べ物に固執してしまう特性から生じていたものと思われる。これで我々バグダッド連絡班内の日本食に対する緊張感が一気に解消し「鉄の団結」も盤石である。

バスラ日誌（2006年1月7日）

隣に座っているイタリアのLOが、電話で話をしていた。日本の中佐がどうのこうのと言っていた。私のことを話しているんだなと思っていた。そのうち、彼が、この電話に出てくれと急に言い出した。彼の10才になる娘さんが私と話をしたいと言っているという。母親がアメリカ人であるので、英語も問題ないらしい。うらやましい限りである。学校での一番好きな科目の話などをし、いつかイタリアで会いたいねと言いながら話を終えた。次の海外旅行の有力な行き先が、決定した瞬間であった。

バグダッド日誌（2006年1月13日）

曹長meeting（番外編）

いつもより早くmeeting会場に着くと、先日BIAP[※]調整で知り合った空軍曹長が一人で何やらメモを取っていたので、隣の席に着いて聞いてみた。
日：「忙しそうですね。」
米：「そうなんだよ。今日は結婚記念日でね。メールに何を書こうか考えてたんだ。」
日：「それは大事なミッションですね。」（笑）
米：「んー、もちろん仕事は忙しいけど、家の事も重要だからね。もし、何もしなかったら、家に帰ってからの方が大変なんだよー。」（汗）
と言われて大笑いしてしまった。
そういえば、米国では「毎日、愛してると言わなかった」と言う理由で離婚が成立すると聞いた事がある。彼にとって、今日は結婚30周年の大事な記念日らしい。
気になって、秘訣を聞いてみると「自分たちの記念日を忘れない事さ。」と、軽く言ってニコニコしていましたが、何かホッとした暖かい気持になりました。仕事に追われる毎日ですが、この話をした後、それぞれ家に電話をかけたバクダッドLO班でした。

（※）バグダッド国際空港

バグダッド日誌（2006年2月9日）

パパ

私のデスクの前には数多くの電話機がずらりと並ぶ。プレッシャーをかけるがごとく、統合、インマル×2、自即×2、（※）ＤＳＮ……。中でもＤＳＮは各国訛の英語を押しつけるので嫌い。インマルは班員が安らぎを分けてくれるので好き。

班長は娘と電話するとき「パパでちゅよ」と言った後、こちらをちらっと見た後「お父さんだよ」と言い直す。電話の向こうからは京都訛の可愛い声が聞こえてくる。この訛は聞き取れるから好き。私には「調整終わるまで帰ってくるな！」と厳しい指導をしてくださる班長も、この一時はとても優しいパパである。●●パパ、▲▲パパに■■パパ、皆さん幸せそうに話す。一時の安らぎを与えてくれるインマルよ有り難う。だから、インマルは好き。

遠く外国での勤務を理解し、留守を守ってくれる妻に感謝するとともに連絡手段を確保できる環境を整備して下さった関係者の皆様に深く感謝します。娘（息子）の声は明日への活力です。

（仕事した振りをして盗み聞きする先任連絡官補佐▼▼）

（※）アメリカ国防省電話交換網

バスラ日誌（2006年2月10日）

わが国の少子化問題はかなり深刻な状況にあるようだが、官舎に住んでいるとあまり感じない。久留米にいた頃、4人姉妹をもつ先輩にすごいですねと聞くと、男の子が欲しくて3人目に挑戦したら双子の娘が生まれたんだと渋い顔をしていた。御殿場にいた時には地元の人を含めて3人兄弟は珍しくなかったし、千葉でも、できるはずがないのに生まれたと3人目を紹介する後輩に、そんなわけないでしょっと言いたかった。我が家は、2人目がなかなかできず、小さな鳥居を潜ったり、いろんな神頼みをした。御殿場に異動して水があったのか、2人目、3人目ができた。この時は、子供は授かりもので、欲しければできるというものではないのだと八百万の神に感謝した。陸上自衛隊は人口問題にもかなり貢献していると思う。

前置きが長くなったが、本日１０３０（日本時間１６３０）●●ご夫妻に３番目の男の子が誕生した。日本を出るときから３月頃出産予定と聞いていたので、ご主人不在間２人の男の子を世話しながらの出産準備に不安があるのではないかと心配していた。予定日よりもかなり早い出産となったため、母子共に健康の知らせを心待ちにしていたが、奥様もお子さんも元気と聞いて安心した。

今日は、バスラＬＯグループ早目（２１時）の店じまいをお許しいただき、４人全員でお祝いをしたいと思う。もちろん緊急時の連絡手段は確保しておく。ベリィ・グッド・ニュースでした。

バスラ日誌（２００６年２月１５日）

昨日は、聖バレンタインデーであったらしい。日本にいるときは、たくさんのチョコレートをもらうことで気付くのだが、こちらでは全く気付かなかった。

（保険屋さんのおばちゃんから3つぐらいかな？）

　毎日、居住区と司令部の往復で、変化に乏しい生活を送っていると日付けや曜日の感覚が麻痺したり、自然や季節を感じる余裕を忘れてしまいがちである。そんな中で●●の息子さんの誕生はとてもエキサイティングな出来事だった。（少し英語まじりになってきた。最近では夢も英語で見る。‥ウソ）

　▲▲ももう今日で5日も歳をとったのか。早いものだ。ちなみに名前の由来は「海のかなたから父が誕生を望んだ」息子さんであるからだと聞いた。これを書きながらまた、感動してしまった。歳をとると涙線が緩む。●●家には、これで3人の男の子が揃ったことになるが、長男が■■君、次男が▼▼君、そして▲▲君と、陸・海・空が勢ぞろいし、自衛隊の統合を待たずに統合体制を完了したことになる。大したものだと思う。将来、●●3兄弟として、陸・海・空幕僚長間違いなしだ。（勝手に自衛隊に入れるなと奥様におこられるかもしれないが。）

　Ｊ９部長と朝会議の帰りに話をしたときに、●●の赤ちゃんの話になり、とても喜んでくれていた。

英国では、出産の場合当該隊員を帰国させているのだろう、●●は帰らないのかとおっしゃっているようなので、『Please use him more hard.』（発言の通り。あとで考えたら変な文だが。）と言ったら、変な顔をされていた。帰せるものだったら帰してあげたいのはやまやまである。申し訳ないと思う。

バスラ日誌（２００６年３月８日）

昨日、通信整備班の●●以下４名のみなさんをお迎えした。本日の整備が十分実施できるよう、受入れには万全を期すよう指示しておいたのだが、▲▲が細かいところまでよく考えて準備してくれていたので感激した。お父さんは、もういつ死んでも思い残すことはない。（日本で待っている、もっと可愛〜い我が子のためにはそう簡単には死ねないけど）

バグダッド日誌（２００６年３月１３日）

Twinkle twinkle little star

ここバグダッドも、サマワに負けず星が美しい。東京で見るより星の数が遥かに多いし、空気が澄んでいる分、またたきも違って見える。

●●が星座について色々教えてくれる。冬の星座と夏の星座が一晩で見える、とか、冬の大三角形、とか、身体を鍛えるだけでなく、そのようなセンシティブな面もある●●には脱帽の限りである。東京では無駄だと思って見なかった夜の空も、バグダッドに来てから一晩に1回は必ず空を見上げる習慣がついた。

北極星、オリオン座、カシオペア座、北斗七星等々、あまり星に詳しくない私でも知っている数々の星座が、遥か数万、数十万年光年の彼方から、その光を世界各国平等に降り注いでいる。しかし東京は、その光を無惨にも遮っている。歌舞伎町、渋谷、池袋、銀座等、一晩中光り輝いているネオンを少し消すだけで、星に加えて省エネというダブルの効果が期待できるはずなのだが……。

「奥様、愛しております。留守を任せて申し訳ありません。」

この空の下なら、普段言えない言葉も素直に言えるような気がする。東京を代表する日本各地の都市も、このような言葉を素直に言えるような空を取り戻していただきたいものである。

バグダッド日誌（2006年3月18日）

大工の棟梁

日本隊が居住するコンテナからシャワー、トイレまで片道約500m弱ある。雨が降ると田んぼのようにドロドロになり、シャワーに行く気が起こらないほどだった。

最近、この道に木製の通路を設置するため、日本隊コンテナの真ん前で10人ほどが大工仕事をしている。

この大工の棟梁と親しくなり世間話に花を咲かせている。この棟梁は、米陸軍を退役してKBR（ケロッグ・ブラウン・ルーツという米軍を支援する民間会社）に入り、KBRの木工職員として2度目のイラク勤務だそうだ。1度目は2004年で半年間、今回はもうすぐ1年になり、まもなく帰国するという。

私がいつも棟梁と呼んでいると「トウリョウ」って何だと聞くので「Chief Of Carpenter」だと答えると満足している。いろいろ話しを聞いてみると「馬鹿息子の大学進学のためここで頑張っているんだ。1年間で8万ドル持って帰れる。でも馬鹿息子の野郎ライフ・セーバー（女性にもてる職業らしい）になりたいと言ってやがる。俺は、息子に弁護士になって欲しいと思っているんだ。もし大学に落ちたらケツを蹴っ飛ばしてやる。」と息巻いている。でも分かれ際、優しい父親の顔になり「息子が弁護士になるために、もう一回ここで働くつもりだ。」と言っていた。

アメリカも日本も大学受験を控えた子供を抱える家庭は大変だと感じるとともに、「親の心、子不知」なのだなと感じた。

バグダッド日誌（2006年3月27日）

家族用ビデオ・メッセージ

サマーワから家族用ビデオ・メッセージ作成の要望があり、昨日撮影を実施した。●●がR&R（レスト・アンド・リフレッシュ）のため不在のため４名分を作成した。

「ストーリーのあるビデオメッセージ」にしようと▲▲がまず漫画でコンテを作り、各人に対する演技指導が始まった。撮影を開始すると、皆の士気が高揚してきた。パレス前で撮影していると日本隊があまりにも楽しそうなのでコアリションの仲間が横目で見ている。コアリション・オペレーションのオフィスでは我々の撮影に■■（コアリション・オペレーション部副部長）等がコメントをいれてくれ、皆で「コアリション！」と連呼している。

ビデオ・レター割り当て時間が４０秒なのに対し、撮影時間が４０分ほどになってしまった。現在、▲▲が必死に編集を実施している。なかなか愉快な時間であった。

バグダッド日誌（2006年3月29日）

●●（レスト・アンド・リフレッシュ）出発

本日Ｒ＆Ｒに●●が出発した。バグダッドからクウェート間は英国のＣ（※）—１３０で移動するのだが、搭乗予約を取っていたにも拘わらずキャンセル待ちに回されてしまった。理由を聞いてみると、あくまで日本隊は余席利用の予約であり、英国大使館員の移動があるため優先順位がおちるとのこと……。●●は家族をドバイに呼んでおり、本日の便に乗れない場合クウェートに移動できるのは早くて金曜日、家族の方が早くドバイに着く可能性もあることから不安になる。キャンセル待ちの何人かは諦めて帰ってしまったが、ねばり強く待ち続けた結果、なんとか●●の席を確保できた。約3ヶ月ぶりの家族との再会を満喫し、しっかり充電して来て欲しい。

日本では、我々の活動を休みなく支援してくださっている方々に思いを致し、改めて「感謝」モードで勤務する必要性を感じている。

（※）輸送機

バグダッド日誌（2006年4月12日）

風雨

日本では、現在大雨が続いているようだが、ここバグダッドでも2月中旬以来の風雨に見舞われた。雨が降ると泥濘化して歩くことさえ困難になっていた箇所があり、そこに木橋が架設されて以降、雨が降っていなかったので、無駄に終ったかなと思っていた矢先の大雨であった。ところが、その木橋は途中までしか架設されていない。やはり、余り意味のない木橋だと、多分そこを通る大部分の人は思っていることだろう。

その風雨の日から数日後、週1回の楽しみとしている、家への電話をしようとしたところ、何度コールしてもかからない。衛星電話だから、電波状態に問題があることがあり、かからないこともたまにあるが、2~3日経っても変化がない。アンテナに異常があったのかと思った●●が、屋根の状況を見て一言、「あのアンテナは良いの?」2枚並んでいる片方は南を向いて立っているが、もう1枚は反対方向に向いている。これじゃ、かかるわけないか……。幸にも横の角度は変わっておらず、起こすだけで事なきを得たが、2月の嵐でさえ傾くことのなかったインマルM4のアンテナだったのだが、そろそろ注意しなくてはならない。何といっても、大事な家族との絆のラインであるから。

バグダッド日誌（2006年4月15日）

我が家に帰ったような感覚

昨日夕にR&Rを終了し、バグダッドに到着した。バグダッド空港に到着したとき感じたのは、まさに「我が家に帰ってきたような感覚」であった。

R&Rについて紹介したい。R&Rに出発してクウェートに到着し、キャンプ・バージニアで武器をクウェート分遣班に預かってもらった。バグダッドでは、24時間肌身離さずに武器を携行していたため、「武装解除された」という感覚を強く持ち、バージニアの食堂に行く時も「銃を忘れた！」と思い腰に手をやる事がしばしばあった。（バグダッドでは武器を携行していないと食堂にすら入れない。）体育館へ行っても迫撃砲の脅威を感じることなく自由にトレーニングができる。もっとも嬉しかったのは外でジョギングができることであった。（米軍はバグダッドでもガンガン走っているが、日本隊は禁止している。暑さなんて関係なくキャンプの外周8kmのランニングを満喫できた。

ドバイに移動して暫くは、風でドアが閉まる音にも砲弾のように敏感に反応していた。夜に日本料理店で日本酒をなめつつ、寿司をつまんだ。その日本料理店では日本の歌謡曲が流れており、日本に戻ったかのような錯覚を覚えた。私の好きな夏川りみの「涙そうそう」が流れた時、何故か分からないが止めどなく涙が流れてきた。緊張が解けたのか、疲れていたのか、郷愁にかられたのか分からないが、自分ではコントロールできない不思議な感覚であった。

翌日の早朝に家族がドバイに到着し、久しぶりに再会した。痩せてしまった私を見て少し心配そうであったが、お陰で日本に居る時には考えられない位妻は優しく、娘は聞き分けが良かった。夢のような4日間を過ごし、心身共に完全にリフレッシュすることができた。

キャンプ・ヴァージニアに戻ると今度はバグダッドに戻りたいという気持ちになっている自分が居ることに気づいた。表現が適切かどうか分からないが、「飼い猫がお腹を見せ安心してくつろいでいるのも良いが、大草原のカモシカが脅威を意識しながら草を食む場所に戻りたい。」という感覚のように思った。今日からまた褌を締め直して頑張りたい。

バグダッド日誌（2006年4月23日）

出国100日目！

日本を出国して100日目を迎えた。●●がR&R中であるが、残り4人は元気に100日目の朝をバグダッドで迎えた。同じ100日という時間でも「もう100日」、「やっと100日」と人によってそれぞれ感じ方の違いはあると思う。

我々バグダッド連絡班は一同に、「もう100日経ってしまった。」という感が強い。それぞれの持ち場を必死に守り、日々精度の高い業務ができるよう努力しているうちに、時間が矢の如く過ぎてしまったという感じである。

我々が出国して以来、日本から多大な支援を頂いている。本日、日曜日にも拘わらず、留守家族に対する説明会が市ヶ谷で実施された。我々のみならず、家族に対してまで厚い支援、お心遣いを頂いていることに心から感謝している。

留守家族説明会で、市ヶ谷からイラクへ「家族とテレビ電話」という粋な計らいをしてもらい、久しぶりに家族の顔を見て話すことができた。▲▲の4歳になる娘さんは、久しぶりにお父さんの顔を見たため、目から熱いものがこぼれ落ちてしまいお父さんと会話にならなかった。小さいなりに父親を心配し、「頑張って」そして「我慢して」留守を守っている様子が伝わってきた。

バグダッドから8400km、遠く離れた日本を想い、残された勤務期間一日一日を大切にして、「イラク復興」のため「日本」のために努力したい。

TV電話

「お父さん、もう少し前髪を伸ばした方がいいんじゃない?」TV電話の向こうからの妻の第一声はこうであった。隣で子供が変な顔をして笑っている。やっぱり、声だけの電話と、顔が見える電話では、気分が違ってくる。「お父さん、こんなメールが来たんだけど……」子供は、出国中預けている私の携帯電話をカメラの前に掲げる。見える訳ないのだが、たぶん自分の目の前にいるつもりなのだろう。別に「やばい」メールではなく、次期派遣が予定されている人が、質問事項を送ったものらしい。イラクまで届く訳ないのに……。

私の家族は戦力回復に同行したので、久しぶりの顔というわけではなかったが、上記の班長の日誌にあるように、▲▲の家族は出国以来の顔見せなので、お子さまは、電話を切った後、号泣されていたらしい。８４００ｋｍという距離が、今日は５０ｃｍ先のＴＶ電話から手も繋げそうな距離にいるようで、しばらく望郷の念に浸った１日だった。留守家族との連絡を担当されている方々、お休みの日にもかかわらずご支援いただき、ありがとうございました。

バスラ日誌（２００６年５月５日）

本日端午の節句、子供の日(男の子の節句)である。家にも男の子が１人いるが、男の子だけでなく、また、我が家だけでなく、子供達には、寂しい毎日であると思う。

先日、テレビ電話で家族と話ができた方々は少しの間子供達の顔もみることができたと思うし、子供さんもお父さん、お母さんの顔を見て安心したことと思う。残念ながら私は、当日不在にしていたためテレビ電話での面会はできなかったが、我が家の子供達も、家族説明会に参加してビデオと写真でお父さんの顔を見て喜んでいたと聞いた。こんな私でも顔を見て喜んでくれる存在があることはとても励みになる。できるだけこまめにメールを送り、子供達にも話しかけてあげたいと思う。お父さんお父さんと言ってくれるのも今のうちだけだろうし……

バスラ日誌（2006年5月27日）

師団司令部で休憩中にタバコを吸っていると、灰皿が火事になっていることが多々ある。喫煙マナーが悪い人が多く、火を消さずに灰皿にタバコを捨てる人が多いからである。清掃にくる役務業者がタバコなんか吸わなければいいのにと言わんばかりに、煙の出ている灰皿をきれいに清掃する。

また、居住区でタバコを吸っていると、近所の英国人から「Stop smoking for Your health.」と通るたびに禁煙を促される。さらに、妻から「(日本では)タバコが30円値上がりするみたいだよ、これを機にやめたら。」というだめ押しのメールがきた。そろそろ禁煙を決断しなければならないと思う今日この頃です。

第3部　戦闘

バスラ日誌（2005年12月13日）

12月13日付「THE INDEPENDENT」[※1]は、最近のバスラの英軍の状況に関し、次のような記事を掲載している。

千日前、英軍は花をもってバスラに迎えられた。しかし、今、イラク第2の都市のほとんどの住民にとって、英軍を見かけるのは、彼らが3日おきぐらいに装甲車に乗って街中を通過する時だけである。ベレーを被った兵士による徒歩パトロールは、郊外の限られた安全地域以外では過去のものになっている。バスラ基地近辺の4つの基地間の日常の移動は、すべてヘリコプターにより行われている。8kmほどしか離れていない基地間においてでもそうである。英国の総領事館があるバスラパレスとバスラ基地間のほんの短いフライトでも、ヘリコプターの乗員は、半分開けたままの後部ハッチから滑るように移動する市街地を監視しながら、機関銃を旋回させ、対空ミサイル対策としてフレア[※2]を発射している。

（※1）イギリスのオンライン新聞　（※2）誘導ミサイル用の囮

バスラ日誌（2006年2月7日）

第7機械化学旅団の亡くなった英軍兵士3名を本国送還する儀式が行われた。開戦以来の戦死者が100名を超えたと報道されていたが、ご遺体を送る儀式を目の当たりにすると、今ここで起きていることなのだと実感した。

師団司令部では、セレモニーへの参加は義務付けられたものではなく、参加希望者は、所属長の許可を得て参加するようにとメールで連絡が入っていた。メールには、集合時間、場所と服装（フロッピー帽、腕まくりは不可）が示されているだけで、開式に先立ってG1[※]から説明するとのみ書いてあった。柵の外からでも哀悼の意を表そうとエアーターミナルに行くと、参列者の中に入れてもらい、儀式に参加することになった。なるべく目立たないように列の中程に並んだが、ちょうど私の左列で後ろに回るよう指示があり、最左翼に出てしまった。日本隊の戦闘服だけが緑色で、目立ちたくなくても浮いていたと思う。バグパイプの音色の中、従軍牧師が先導し、英国旗に包まれた3つの棺を、それぞれ6名の兵士が運んでいく。C—130の手前に棺が安置された後、3人の牧師が、お一人お一人のために祈りを捧げると参列者が唱和する。次に名々の所属部隊毎に、兵士が祈りを捧げ、棺がC—130の機内に納められた。心からご冥福と新たな犠牲者がでないことを祈った。

（※）人事担当

バスラ日誌（2006年2月12日）

昨日は、我々がこちらに来て初めて、基地内に弾着があった。4次隊LOからは、月に1回くらいの割合だと聞いていたが、概ね1ヶ月目であるので、申し受けの通りであった。夕食後、司令部に戻る途中で1回目、花火のような音で、ピューーと頭上を通り過ぎていった。飛翔音は3発確認したが、弾着音は1発のみであった。2回目は、日付が変わって午前0時30分頃から、4発の弾着があった。この時は、飛翔音は確認できなかった。いずれもロケット弾によるIDF(※)と報告された。負傷者なし。

(※) 間接射撃

バスラ日誌(2006年2月21日)

バスラABに対する、先日のロケット攻撃事案の調査結果が出た。既にサマワには報告済みであるが、107mmのロケット弾を、土手を使ったスレート屋根利用の発射台から時限装置を使って発射したものらしい。射距離が3~4km以上であったので、かなり高射角で撃っているとは思っていたが、土手利用の原始的な発射装置であった。外柵の手前1~2kmから発射したものもあり、これまでも同じような場所から攻撃を受けているので、なぜそこまで近づけるのか疑問だったが、敷地が広大であるため車両巡察程度の警備しかできないと聞き、止むを得ないと思った。車両巡察程度と書いたが、危険を冒して警備してくれている警備部隊には感謝している。居住区では隣の列のコンテナに、警備部隊の人達がおり、早朝あるいは、真夜中に出発したり、帰ってきたりしている。帰ってきたときには、解放感からか元気な話し声や、武器を整備したりする音が聞こえてくる。司令部とはまた違った、第一線部隊の雰囲気を、ここでは感じることができる。

バグダッド日誌（2006年3月8日）

バグダッド連絡班のABCD

キャンプ・ヴィクトリーの上空にはJLENS（Joint Land-attack cruise missile defense Elevated Netted Sensor）という真っ白い飛行船が2つ（バグダッド全体で3つ）ポッカリ浮かんでおり、キャンプ・ヴィクトリー及びインターナショナル・ゾーンに対する迫撃砲、ミサイル攻撃を防ぐため24時間監視している。

ここキャンプ・ヴィクトリーでは銃声、爆発音等がかなりの頻度で聞こえる。

「これは近くに弾着があった！」と思ってヴィクトリーに対する攻撃状況を調べても何も報告が載っていなかったり、先日は日本コンテナ内にいて誰も気づかなかったが翌日の報告では、日本コンテナから300m位のところに迫撃砲攻撃があったことが報告されていたりという具合である。

弾着音らしき音がした際は、日本隊は素早く道路の脇に身を潜め、次の弾が弾着しても大丈夫なように警戒したりするが、米軍人はそのまま「ボーッ」としていて我々の俊敏な行動を冷ややかに見ている。しかしながら我々はこの習慣はいつまでも持ち続けることが重要であると思っている。まさに「ABC(A：当たり前のことを、B：ボーッとせずに、C：ちゃんとやる。」である。

我々に言わせれば「米軍人等が変に慣れてしまっている。」ように思う。特に我々が気をつけているのは、「食堂等に行く際は道路の側溝沿いを歩き、どこに身を隠すか確認しながら歩く。」「必要以外は、キャンプ・リバティーのPXには行かない。(著名な丘の麓にあり、よく弾着がある。)」「夜は、トイレ以外は外に出ない」等の当たり前のことをちゃんと実施している。

そして更にABCに付け加えて、第1次群で番匠群長が言っておられた「D：

できるだけ笑顔」を心がけて元気に勤務している。

バグダッド日誌（２００６年３月９日）

バグダッド夜景の感想

ＩＺでのＢＭ会合が１５００で終了した後、ヘリポートに前進したところへリが飛ばなくなった。近傍でのＩＥＤ及びＳＡＦ(※)複合攻撃による影響でフライトできたのが２３００になってしまった。しかしそのおかげで上空からバグダッド市街の夜景を見ることができた。完全無灯火のヘリでパイロットは暗視ゴーグルを使用して飛行している。パイロット前面の計器類も全て無灯火であり、機内の我々もフラッシュ撮影は論外で、腕時計の確認灯すら禁止されてのフライトだ。上空から見るバグダッド市街の明かりは、予想に反して実にきれいだった。政情不安定でありもっと暗いと思ったのだが、一般庶民は力強く生活していると感じた。しかし管制灯火されたキャンプ・ビクトリーに近づくにつれて、まるでブラックホールのように真っ暗なキャンプを上空から見て現実を認識した思いだった。
（※）小火器

バスラ日誌（2006年3月9日）

数日前から居住区のコンテナとコンテナの間に鉄柱を設置する工事が行われている。いったい何を取り付けるのかと思っていたが、電灯をつけるらしい。バスラ基地は、夜間、全体としては暗くなっており、居住区の付近だけが明るい。これ以上明かりをつける必要はないと思うのだが、新たに電灯をつけるらしい。2月だけで5回のＩＤＦ攻撃を受けており、目標を特定されないようにするためには、できるだけ暗くしておいた方が安全だと思うのだが？　我々日本隊ＬＯの間では、以下のような話がまことしやかに囁かれている。

英軍と過激派の間には、次のような協定が成立しているのではないか。

英軍：我々としては、少しでも安全に任務を遂行したい。

過激派：我々は仲間の手前、攻撃しているという実績が欲しいが、捕まるのはご免だ。
英軍：君たちを捕まえないかわりに、絶対に明るいところには攻撃しないと約束して欲しい。
過激派：わかった。そのかわり我々に反撃したり、捕まえたりしないでくれ。
英軍：君たちが誤って居住区を攻撃しないように、これから電灯をたくさんつけて、もっと明るくする。
過激派：了解。ただ即製の発射台から撃つので、たまには近くに落ちるかもしれない。

いつも同じような地域から攻撃され、かなり確度の高い情報を得ているにも拘わらず、阻止できず同じように攻撃され続けるのはなぜか。意味不明の電灯をわざわざたくさん付けようとしているのはなぜか、これで理由がわかったと思う。

などと冗談を言い合いながら勤務している。

バグダッド日誌（2006年3月14日）

ハードターゲットとハードタッチ

テロリスト等反多国籍軍勢力からの攻撃を受けないため、如何に「自分たちが精鋭部隊であるか（テロリストにとってハード・ターゲットであるか）」を示し、テロリスト等に偉容を見せつけ攻撃しようとする意志を未然に予防している。またその偉容を示す手段として、何かあればすぐに反撃する動作をとり続ける方法（ハード・タッチ）を米軍はとり続けている。

パレス（多国籍軍司令部）前の駐車場で、キャンプ周辺を警備するコンボイ(※1)がよく出発前のミッション・ブリーフィングを実施している。地図で任務を確認し合い、キャリバー50(※2)の動作点検、通信機、水、スペアタイヤ等を確認して、整斉と準備している。これらの洗練された一連の動作は、テロリスト等をしてハード・ターゲットと思わせるに十分だと感じる。日本隊も一連の動作は決して引けを取らず、更に整頓、服装、態度等は日本隊の方が一枚上手のようにも感じる。

「ハード・タッチ」の象徴としてコンボイの最後尾車両には、「Danger! Stay back!」と書かれた看板が英語、アラビア語で大きく表示して、コンボイの後ろに近づいた車両に「今にも射撃しますよ。」と言わんばかりの態度を示している。コンボイによっては「300m以内の後方に近づくな！」（見えないと思うが……）と表示している。先日BIAP（バグダッドインターナショナル・エア・ポート、キャンプヴィクトリーに隣接）へ経由者の支援に行った時、偶然米軍警備コンボイに遭遇した。クラクションを鳴らし、コンボイの中に巻き込まれようものなら「撃たれるのではないか？」との恐怖心さえ抱いた。仲間の我々から見ても少しやりすぎのようにも感じるが、「任務、場所、敵の脅威度」により仕方のないことだとも感じる。

日本隊の実施しているSU方式（スーパー・ウグイス嬢：市民に左手を振りながらも、右手はいつでも対応できるように準備）による「ソフト・タッチ」とは大きな違いである。

「ハード・ターゲット」と認識させるには色々な考え方がある。1％のテロリストを対象に「ハード・タッチ」を優先させるのか、99％の善良な市民を対象に「ソフト・タッチ」を優先させるかは、その「国柄、任務、考え方」に大きく左右されている。

（※1）護衛車列　（※2）重機関銃の一種

バスラ日誌（2006年3月14日）

先日、今年に入ってからのバスラ基地に対するロケット等の攻撃に関する分析レポートが発簡された。

それによると、2月22日のロケット攻撃は、あと6度南にずれていたら居住区内に弾着していたそうである。WISREPによると正規の発射機を使用せず、ビニールパイプ等の即製発射機を使用しているので半数必中界は750m～1000mと正規の発射機を使用するより4倍程誤差があるということなので、一歩間違っていたらという感はぬぐえない。ということで、現在日本語要約版を作成中ですので、サマーワにデータを送信したら関係者の方は、ぜひ一読してみて下さい。

バスラ日誌（２００６年３月１５日）

英軍の新しいアーマーが近く装備開始されることについては既に紹介した。英軍アーマーの現況と新型アーマーの性能等については既に報告しているが、重量について確認せよという指示をいただいていたのと新鉄帽も完成したということなのでここで報告を兼ねて紹介したいと思う。

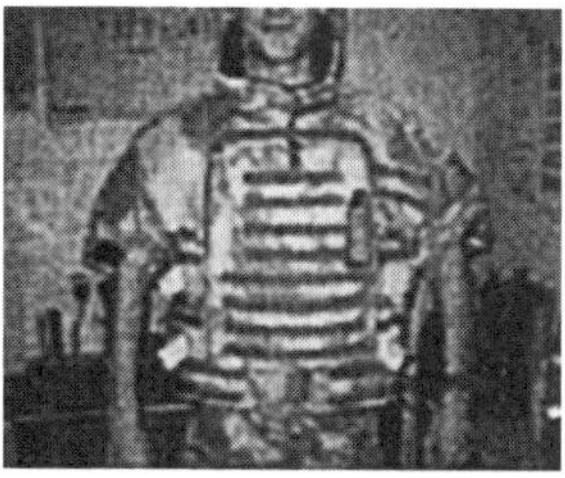

新型 KESTREL　●●

新プレート　▲▲

新アーマー OSPREY（前）■■

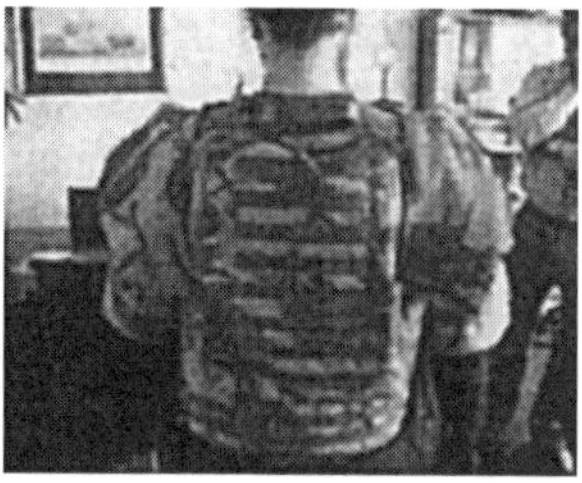

OSPREY（後）　▼▼

バスラ日誌（2006年3月16日）

2100には司令部に戻って勤務交代する予定であったが、少し遅れて司令部営門付近を歩いていた時久しぶりにボンという発射音とピューという飛翔音を聞いた。これはやや近いと思ったが、最近よく迫撃砲の照明弾を打ち上げて警戒しているので、もしかしたら友軍の射撃かもしれず、余り大袈裟に対応するのも日本国自衛官として恥ずかしいから、悠々と営門に向かって歩いていた。（内心、伏せようかなとも思った。）暫くして、警報サイレンが鳴り、営門の警衛隊員から鉄帽装着を促されてしまったが、ノーチェックで中に入れてもらえた。いつもは、IDをしつこく確認するのだが。

後刻確認された報告書によると、発射地点と弾着地点を結ぶ線は、頭上やや西側地点を通過していた。

飛翔音を確認したのは2月11日に初めてIDFに遭遇した時以来である。なかなか聞くことができるものでもないと思うが、本当にロケット花火に点火したときのようなピューという音である。弾着は3発、いずれも滑走路北西側付近に着弾していた。負傷者なし。累計20発目。

バグダッド日誌（2006年3月18日）

SNR[※1]カンファレンス・アイス・ブレーカー

MND（CS）ポーランドの師団長と挨拶していた際に、丁度●●が来られた。師団長は、●●に「こちらに移動するため離陸した途端、RPG[※2]の攻撃を受けました。これを避けるためにヘリが相当揺れました。」と、こともなげに報告していた。さすがの●●も大変驚かれ、無事の到着を心から喜んでおられた。

（※1）先任国代表者　（※2）携帯式対戦車グレネードランチャー

バグダッド日誌（2006年3月27日）

装備の創意工夫

キャンプ周辺の巡察部隊がパレス（多国籍軍司令部）前の駐車場に集合し、ミッション・ブリーフィング及び装備の点検をしているのをよく見かける。巡察部隊は4両の装甲板を取り付けた高機動車（HMMWV）で編成されている。時折ガナー（射手）席の銃座を防弾ガラスで覆った高機動車もある。話を聞いてみると、装備面の改善要望を出すと試作品が配備され、更に部隊から実際に使用した際の改善要望をだしているそうである。試作品が届くのは2ヶ月程度だそうだが米本土に比べれば格段の早さなのだそうだ。米軍も安全を確保するため必死である。

防弾ガラスで銃座を覆う高機動車

バスラ日誌（2006年4月5日）

少し余裕がある時は、イラクの自然に注意を向けてみる。今のところ、まだ日本で経験したことがないような暑さは体験していないし、ひどい砂嵐にも遭遇してはいない。これからどんな未知との遭遇が待っているのだろうか。などと考えている時、警報が鳴り現実に引き戻された。ロケット弾1発、攻撃9回、20発目。警報が解除され、報告を終えて宿舎にもどり、そろそろ寝ようと思っていたら、ドンという音がして、キーンという飛翔音らしきものが聞こえた。続けて爆発音が2回、●●を起こして、アーマーを着させていると0328警報が鳴った。0330別部屋の▲▲の無事を確認、ロケット弾3発、攻撃10回目、23発目。0358警報は解除された。

バスラ日誌（2006年4月12日）

昨日から2日日程で、MJLC[※]（旧J4会議）がキャンプ・メチカで実施された。

朝1番のヘリに乗るため早起きするつもりではあったが、アラーム代わりに弾着音と警報で起こされ、またも殆ど睡眠時間なしで前進することとなった。（J4会議前日は縁起が悪い。）

（※）兵站会議

本日0340、爆発音によりいつもより早く目が覚めた。すぐに警報がなり、アーマーと鉄帽を装着、別の部屋に寝ている●●の異状の有無を確認し班長に報告後、すぐに私の起床時間である0500まで再び眠りに就いた。じ後、いつも通り0500に起床。徒歩で司令部に移動中、司令部から200m程離れた道路の交差点にMPの車が警告灯を点滅させながら停車していた。

ひょっとしたら、ロケット弾が弾着したのかと思ったが、現場には近寄らずそのまま司令部に向かい、朝の2科への報告準備をした。0530に確認した▲▲では、弾着点は基地外となっていたが、新たに更新情報がでるたびに私は、慄然とした。今回の弾着点は、やはり出勤時にMPの車両が停止していたあそこだったんだと……。しかも、撃たれた2発とも基地内に弾着していたんだと……。

そして、昼食時、車両で移動中に例の交差点を見たらしっかり直径1m程の穴が開いていた。しかも、記念撮影している人までいるし……。

バスラ日誌（2006年4月14日）

一昨日のIDF攻撃に使用されたロケット弾の残骸が司令部J3の部屋に運ばれてきたので写真を撮った。想像していたよりも大きなものであったが、爆発後に弾体部分が飛散せず、めくれあがっているだけなので、さほど広い地域に破片効果を及ぼすものではないと思う。大きさを示すために横に煙草のボックスを置いてあるので、概略の大きさはわかってもらえると思う。

破片効果は少ないと思うが、アスファルト道に一昨日の写真のような穴が開くわけだから、居住区の薄い屋根では役には立たない。完全耐弾化が望ましいだろうが、費用対効果も計算されるのだろう。可能な限り迅速に対応し、被害を局限することで、それを補おうとしているのだと思う。毎日、警報チェックが行われており、警備も厳しくなってきた。また、道路沿いには避難用のコンクリート製ブロックが1週間ほど前に設置された。

しかし、最近2週間内に5回の攻撃があり、1月からの合計も11回25発になった。宝くじに当たるようなもので、どうしようもないが、我々も、可能な限り気をつけたいと思う。多国籍軍関係者を含めて被害がでないことを祈っている。

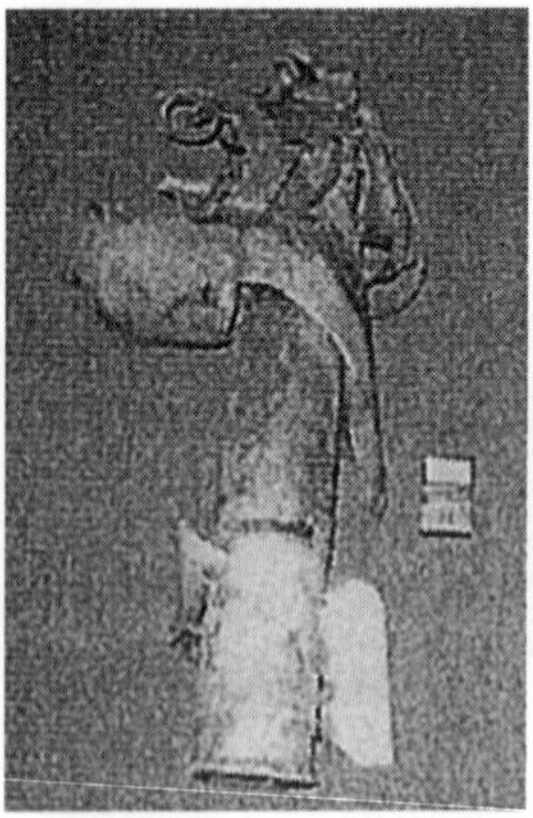

バグダッド日誌（2006年4月17日）

HAPPY EASTER！

昨日はEASTER（復活祭）で、ここキャンプ・ヴィクトリーでもお祭り気分であった。日本ではあまり馴染みのない行事であるが、欧米などで春に盛大に祝われているそうである。キャンプ・ヴィクトリーのDFAC（食堂）は、イースター・エッグとイースター・バニーで飾られており、お祭り気分が盛り上げられていた。

何はともあれ、外国の文化を楽しむ事のできる環境は本当に貴重であり、有り難いと感謝している。このようなお祭り気分の中、キャンプのすぐ外のルート・アイリッシュ（バグダッド市内と国際空港を結ぶ道路）でIED攻撃があり、ものすごい爆発音が日本隊コンテナからも聞くことができた。お祭り日とはいえ油断大敵である。

バスラ日誌（2006年4月17日）

最近特に多くなってきているが、ここバスラでもロケット弾攻撃を受け、そのような環境にいることを強く意識せずとも、脅威に対して敏感になっていると感じる。昨日、●●が書かれたように「ドアの閉まる音」（着弾音に非常に似ている）にも反応するようになる。戦力回復が終わり、そのような場所に帰っていくにもかかわらず、私も●●と同じように「我が家に帰ったような感覚」を感じた。安全なキャンプ・バージニアにいるよりも、バスラに帰りたいと思った。そして、これは私だけではなかった。

▲▲が戦力回復から帰ってきた時、居室コンテナハウスの中で私に「なんか帰ってきて、ホッとしました。」と話したのを覚えている。また、これは日本人だけが感じるわけでもないようだ。戦力回復から帰ってきた直後、J―9の仲間と雑談をしている時、「バスラに帰ってきてどうか」と聞かれたので、「ちょっとおかしいと思うだろうけど、我が家に帰ったような感覚だ」と答えると、■

■が「自分もそう感じたし、そういう人間はたくさんいる。」と言っていた。それはなぜだろう。私は「信頼する仲間たちがいて、そこに自分の居場所があるから」帰りたいと感じるのではないかと思う。実際、▼▼は、帰ってきたことをすごく喜んでくれた（人数が増えて、業務が楽になるからか？）。また、MND（SE）のJ—9のみんなも温かく迎えてくれた（握手をして「良い休暇だったかい」と聞くのが定番）。「自分が存在する価値を自分自身で確認でき、かつそれを認めてくれる仲間達がいる場所（＝自分の「居場所」がある所）に帰りたかった」のではないかと今は感じている。今後も任務達成のため、その信頼する仲間達とともに頑張っていきたい。

バスラ日誌（2006年5月8日）

5月6日1353の英軍ヘリ墜落事案ではいろいろなことを考えさせられた。部隊交代に伴う指揮転移が5月1日に実施されたばかりであったが、●●は迅速に対応し、ニュース映像で見る限り、装甲車は整斉と現場に進入した。

その後集まった民衆が、一時暴徒化したが、火炎瓶による火災への対応等も含めて被害局限と暴徒制圧の処置は見事であったと思う。

撃墜の可能性が報告されていたにも拘わらず、トップ・カバーのために、別のヘリが上空監視にあたった。イラク治安部隊も機能していたと聞く。迅速に張った警戒線内に砲撃を受け、7名の負傷者（軽傷：7名とも英軍兵士）を出したが、7日9時過ぎには墜落ヘリの機体を回収し、事態は収束した。

事故直後から、他のヘリ、航空機は何事もなかったかのように任務につき、各々の任務を遂行している。軍隊とはこういうものなのだ。

司令部も、J3において一時特別の態勢がしかれたが、3時間後には通常の態勢に戻り、じ後淡々と業務を進めている。冷たいわけではない。深い悲しみを胸に秘めて、責任を果たしているのだ。

我々も、事に臨んでは危険を顧みず、身を以て責務を完遂すると宣誓しているが、いざという時に淡々と任務を遂行することができるだろうか。地上部隊の安全を確保するため、直ちにトップ・カバーを飛ばせるだろうか。軍隊の状況判断、指揮とは厳しいものだと思った。犠牲者の中には2日後（今日）、本国に帰る予定だった方もおられたそうである。

バスラ日誌（2006年5月15日）

一昨日夜（昨日未明）バスラシティの橋梁付近をパトロール中の英軍車両がIED攻撃を受け、2名の方が亡くなられた。1週間の内に7名の殉職者を出したことになる。イラク作戦開始後の英軍の殉職者は、これで111名になった。

昨日、隣のコンテナにいる警備中隊の人が、武器手入れをしながら、「あと12日で帰れます。」と話かけてくれた。『最後の日まで気を付けて。』と言うと「ありがとう。皆が、自分の事をチキンと呼ぶくらいだから大丈夫です。」との事。

臆病と言われるぐらいでいいと思う。細心の注意を払っているということだから。

バスラ日誌（2006年5月18日）

昨日1755から、バスラ航空基地エアポートにおいて、先日のヘリコプター墜落事案で亡くなられた5名の方のご遺体を、本国へ送還する儀式が執り行われた。今回も参列者への統制は最小限で、現地において説明があった後、すぐに式が開始された。

従軍牧師の先導で、バグパイプの音色が響くなか、各々の棺を6名の兵士が担ぎ、航空機の手前に安置した。殉職者の名前を1人ずつ読み上げ、それぞれに対し、全員で祈りの言葉を捧げた。全ての祈りが終わり、ラッパ吹奏に合わせて敬礼し、式は終わった。約1時間の儀式であったが、哀悼の気持ちを込め、心からご冥福をお祈りした。

バグダッド日誌（2006年5月19日）

日進月歩

先日、班長がIED対処装置について紹介されたが、常に研究は続いているようである。キャンプ・ヴィクトリー内のとある直線道路において、あらゆる計測器が設置された道路を、見たことのない装置をつけた車両が走り抜ける。

それは1種類ではなくその日によって違うのだ。正式採用される前の研究段階であることと敵に事前に情報が漏れる危険性を避ける観点から、さすがに細部の情報は教えていただけなかった。ＩＥＤ対処に対するＩＥＤ攻撃は、まさにイタチゴッコであり、その技術は日進月歩なのである。

バスラ日誌（2006年5月21日）

今月のバスラに対する攻撃は、昼間に2回あっただけで、静かな夜が続いている。

11日は、1420ロケット弾2発。●●と昼食を終え司令部に戻る途中、大切な100円ライター（実は25セント）を買いに5分程売店に寄ったためタイミングが合ってしまった。

司令部手前の3叉路（前に道路上に弾着があった所）付近を走っていると、空気が揺れるのを感じるような爆発音を聞き、横を見たら、300m～400mのところで弾着直後の煙が上がっていた。続けて爆発音1発、後で座標を確認したら、「近し400」と「遠し600」で線上に挟まれていた。
昨日の20日は、ほぼ同時刻の1444爆発音1発、滑走路とIA10師団司令部との中間点付近にロケット弾が弾着した。1月から攻撃13回目(28発)

バスラ日誌（2006年5月23日）

昨日出たJ2の情報報告書によると、6日バスラ市において墜落した英軍ヘリ（リンクス）の墜落原因は、携帯対空ミサイル（MANPAD）による撃墜とのこと。当時、複数の携帯SAM(※)を携行したグループが配置についていたという情報もあるとのことで、この情報が正しければ、まだ使用されていない携帯SAMが存在することになる。地上移動にもIEDの脅威はあるが、空路移動についても必要最小限に止めるべきであろう。

（※）地対空ミサイル

先日のIED攻撃による英軍殉職者2名のご遺体を本国に送還する儀式が、

明日1800から実施される。我々がバスラに来てからだけでも、4回目の本国送還式である。イラク南東部は比較的平穏と言われてはいるが、殉職者の棺を目の当たりにすると、これが現実なのだと思う。日本隊としての哀悼の意を表すために、一LOではあるが、サマワ本隊の代理のつもりで参加している。

式典は至って質素であるが、英国軍の伝統と宗教の影響を反映して、とても厳かな、重みのある儀式である。夕方とはいえ日はまだ高く、気温も尋常ではないので、式典が始まる前の時間も入れると約2時間余り、屋外で立っているだけでかなり消耗する。

先日の式典の時には、3、4箇所で倒れる人が出たが、私の1人置いて前の列の隊員も正面にまともに倒れ、助けようとしたが届かなかった。倒れた若い隊員を介抱していると後方から下士官が来て運んで行った。私の前の人は、助けようともしないので、冷たい奴だなと思っていたが、後で聞くと、下士官はそのような時でも動けないのだそうだ。そんな時には、列外にいるサージャント・メジャーが対応するらしく、後から来た人がそうだったのだなと思う。そうは言っても、滑走路のコンクリートにまともに倒れる同僚を助けられないとは、ちょっと……。

バスラ日誌（2006年5月26日）

5月21日の日誌に「このところバスラに対する夜間の攻撃はなく静かな夜が続いている。」と書いた。するとたんに、23日の夜2220、IDF攻撃を受けた。攻撃14回目（29発）。

今回は、珍しく迫撃砲1発と報告されたが、発射地点付近の確認、捜索を行った警備中隊が、発射準備を終えたロケット弾を発見したため、再度警報が鳴った。

ロケット弾の処理が終わった翌朝0337まで警報は解除されず、司令部から出ることはできなかった。攻撃を受けた場合でも、警報が鳴ってから1時間程度で警報解除されるのが普通であるが、今回は約5時間余り、アーマー・鉄帽を装着したままで司令部に閉じこめられていた。余計なことを書くとまた罰が当たるかもしれないが、これも近況報告の1つだと思って書いている。

シャイバに行く時に、シャイバの方が、バスラよりもIDF攻撃が多いと書いたけども、あれだけ広い所に実施される攻撃回数と、たかだか東西２ｋｍ、南北×１．５ｋｍの敷地に受ける攻撃回数を単純に比較することはできないと、シャイバに行ったときに思った。

バスラ日誌（2006年6月8日）

昨日１８００から英軍殉職者2名の本国送還式が実施された。５月以降だけで3回目、我々がこちらに来てから5回目である。昨日は、キャンプ・メチカでも伊軍殉職者の葬儀が行われており、実感として、ＭＮＤ（ＳＥ）管内の多国籍軍の被害は増えている。また、テロによるイラク人の犠牲者も毎日のように報告されており、治安の悪化が懸念されるところであるが、師団としても逮捕・掃討作戦を継続しており、今が我慢のしどころということだろうか。

師団管内の治安悪化の原因には様々な要因があるとは思うが、根本的な原因ではないとしても、そのうちの１つとして、米軍のあまりにも安易な武器使用があるのではないだろうか。例をあげると、サマワ近傍において、自分が走行車線を間違えて走っていたにも拘わらず、正面から走ってきた対向車（民間人）に対して射撃して重傷者を出したり、タリルにおいて、ゲート付近ではなく、普通の道路を走ってきたトラックが制止の指示を聞かなかったといって直ちにドライバーに危害射撃を加えたり、状況報告書を読んでいると何ということを、というものが時々見られる。

米兵が過剰に反応したくなる気持ちに理解できる部分もあるが、報告が非常に遅れたり、報告内容が正確でないことに苛立っているムサンナ県英軍ＰＯＬＡＤのコメント等もある。先日の朝会議においても、米軍サージャント・メジャーが代行して参加していたのだが、師団長が最近のＩＥＤ等被害の増加に対策をとるよう指示していると、「先に撃つ」と言葉を挟み、顰蹙をかっていた。因みに彼が、着任教育で「シュート」を連発していた方である。彼はジョークのつもりだったのだろうが、師団管内に所在する米軍警備部隊等の武器使用基準の甘さに、少々困っている英軍関係者にとっては、笑えないジョークであった。

報道では、３件以上の市民虐殺事案について調査が始まっていると聞く。いかに高い理想を追求しようと多くの人が頑張っていても、一部に低いモラルが混在すれば、全体が悪いと見られる。10万人以上も派遣している米軍にとって、軍紀の維持ということも困難な課題なのだろう。

米軍の攻撃でザルカウィ容疑者が死亡したというニュース速報が流れている。影響は……

バスラ日誌(2006年6月12日)

10日に18日間攻撃無しと書いた。11日夜早速IDF。至近200m、屋根に破片が当たる音が聞こえた。15回目(30発)。

バスラ日誌(2006年6月13日)

思えば遠くへ来たものだ

一昨日未明に発生したメイサン県アマラにおけるメイサンバトルグループC

中隊（英軍）と武装組織との衝突は0931人員及び全ての装備品を回収して収束した。

オペレーションダリアス（逮捕掃討作戦）実施中の英軍部隊は、0220から0323にかけて断続的に小火器射撃を受け、0403以降RPGを含む攻撃に対して応戦した。0655重傷者を出したが、0657ヘリ・リンクスで救助し、0710にはIRT（事案対処チーム）に申し送り、直ちにシャイバに搬送、リンクスはトップカバーに復帰した。0715CAN（キャンプ・アブナジ）のIRTに代わって、SLB（シャイバ）IRTが要請を受け、0755、現地に到着している。

一時はバグダッドからF—15が2機飛来する等、かなり緊迫した状況に陥ったようだが、0728もうお馴染みになった情報統制作戦[※]オペレーションミニマイズも発令され、じ後車両回収を含む重要装備品（ECM等）の回収及び兵員の離脱を実施して0931事態は収束した。

武装組織の損耗は、8名以上が死傷、英軍は重傷1である。本日朝会議において、師団長は一昨日の作戦を評価し、良い作戦であったと褒められた。事態への対応、処置に満足されたのだろうか。

（※）電波妨害装置

バスラ日誌（2006年6月25日）

司令部の裏に蛙が生息する池（水溜まり）があり葦らしき植物も生い茂っていたが、蛙の鳴き声も聞こえなくなり植物も枯れてきた。本日そこに（司令部南側150m）IDF攻撃2発。攻撃20回目。36発目。蛙が心配。

バスラ日誌（2006年6月26日）

昨日のバスラ基地に対するIDF攻撃に関する情報は訂正された。弾種不明3発。弾着地点修正、司令部北側300m、南側1km及び1.5km。昨日は久しぶりに砲弾が頭上を通過する時の飛翔音、ふざけた笛の音に似たピューという音を聞いた。蛙の生息地には着弾していなかった。

バスラ日誌（2006年6月29日）

本日１５５０、バスラ基地にＩＤＦ攻撃１発。司令部南東１．５ｋｍ。攻撃２１回目。３８発目。

バスラ日誌（2006年6月30日）

今日は、６月３０日。明日からいよいよ7月である。昨日今月7回目のＩＤＦ攻撃があり、我々がここに来てからだけでも２１回目、３８発目であった。

これまでのＩＤＦ攻撃の至近弾は、約２００ｍの地点に４回程度着弾したが、爆発音で一番すごかったのは、２月１１日夜、同日2回目の攻撃で、確か４発を撃ち込まれた時であった。すぐ近くで爆発しているだろうと思われた。（実際には６００ｍ～８００ｍ程離れていたが。）こちらに来て初めて受けた攻撃であったので、皆の無事を確認する手段を確立しておらず、離れた部屋の間を砲弾が落ちている間に2往復ほどして、最後の４発目は●●部屋のドアの外で聞き、『今のは凄かったね。』と話したことを覚えている。その時の▲▲の感想は「誰かが屋根の上に乗ったかと思った。」であった。

それからは、無用の動きを避けるため、全員モトローラーを携行し、警報発令時等事案発生時にはスイッチを入れることにして、すぐに連絡がとれるようにした。売店に寄ったためにタイミングがあってしまった車両移動間に受けた近弾は、音も激しかったが、弾着時の煙を確認して、■■と『今のは近かったね。』と話した。

司令部はコンクリートの建物だが、居住区は耐弾化されておらず、あとは運次第と思って過ごしてきた。日本では考えられない生活だったけれども、住めば都で楽しく過ごせた。あと数週間、誰も怪我をしないように、また、我々の撤収後も誰にも被害がでないようにと願っている。

第4部　イラクでの想い

バグダッド日誌（2006年1月21日）

イラク人雑感……

我々がここに来て、早くも7ヶ月近くがすぎた。サマーワ程ではないと思うが我々もいくらかイラク人と接触する機会があった。私の個人的な彼らに対する印象は、7月はじめから時間の経過とともに少しずつ違ってきた。我々が時々接触する機会があり、私が興味を持って観ていたのはイラク軍兵士と多国籍軍に雇用されたイラク人労働者達である。

イラク軍兵士と初めて会った時は、正直言って少し怖かった。30〜40名が駐車場にたむろしていて、中には銃を持っているのもいたと思う。その駐車場を私が一人で歩いて通りかかると、みんなこっちをにらむ、ほぼ全員がこっちを見ている。しばらくにらみ合いが続いた後、沈黙に耐えかねて「アッサラーム・アレイコム」と挨拶してみた。にらみ合っていた彼らが一斉に「ヤバーニ、グッド」、「サマーワ」等々と言いながら、私を取り囲んだ。これにも恐怖を感じた。が、彼らは一様に笑顔で日本人の私と会ったことを喜んでいるように感じた。

基地内を駆け足するとイラク人雇用者達とよく行き会った。すれ違う際、盗み見るようにこっちを見る。その表情と視線に彼らの感情を感じることは余りなかった。武装した米兵に監視されながら基地の整備作業(草刈り、運河清掃等)を黙々とやっている。こちらが挨拶をすると、手を振って答える。運動着姿でもなぜか「ヤバーニ」という。イラク軍人も雇用者も、ここに5人しかいない「日本人」を確実に識別している。しかし、我々がここに来た当初は、彼らから挨拶してくることは、めったになかったように思う。

最初に私が彼らの変化を感じたのは、10月の国民投票の後だった。こちらから挨拶しないとただ黙ってこっちに視線を送るだけだった彼らが、向こうから挨拶し始めた。「ヤバーニ・グッド」といって、手を振ってくる。我々は「スーパーウグイス嬢作戦」をしていたわけではない。彼らから手を振ってくるようになった。

最近は、余り意識することなく彼らと挨拶している。私の感じた印象は彼らが「自信」を持ち始めた様に感じる。我々を見慣れたのか、以前の感情のない視線を向ける者はほとんどない。どこで出会っても挨拶してくる。私も当初のような恐怖感を感じる事がなくなったから、安心して片言のアラビア語で彼らと話すことができる。

一方、イラク陸軍司令部に勤務する高級将校達は、常に食堂入り口等で米軍兵士にボディ・チェックを受けている。我々からみると「屈辱的な」扱いを高級将校ですら受けている。そのせいか、かえって高級将校達の方が未だに「感情のない視線」を我々に向ける。我々から挨拶しない限り彼らから挨拶することはない。司令部に勤務する高級将校としての誇りはあると思うが、未だに「ボディ・チェック」をうける毎日が、彼らに「自信」と「自覚」を持たせないのかも知れない。週7日勤務する我々に対し、週2日の休みはきっちり確保する彼らの態度に、「誰のために我々はここにいるの?」と文句を言っている米軍将校の気持ちも理解できる。

全くノーチェックで彼らと共存するのは、やはり「自殺攻撃」の恐怖感がつきまとう。「イラク人」と言うだけで、「信用」できないのも確かである。イラク人の自律にはまだまだ時間がかかるだろうが、若い兵士や雇用者には「自信」が見え始めたように感じているのは、私だけではないと思う。

バグダッド日誌（2006年1月22日）（4次要員最終回）

もう一度、行きますか？

いよいよ我々4次要員最後の日となった。9月21日から始まったこの日誌も今日で最後となった。個性的な各国ＬＯ達（日本人含む）に囲まれて、充実した毎日を過ごしながら、主に彼らとのやりとりを中心に「バグダッドの日常の風景」をここの状況を知らない人が読んで分かるように書くように努めた。

色々な方から「日誌、楽しみにしてるよ！」と言って頂けることが励みになった。ただ、どんなにおもしろい話でも、どうしても「字」にすることを憚られることも多々あった。これは帰国後の「酒の肴」(※)にしたいと思う。

陸幕国際協力室勤務間、私が担当したイラク、ＵＮＤＯＦ、中国等の海外任務から帰国した隊員を出迎えた時、必ず「もう一度行くことを希望しますか？」

と質問していた。同じ質問を今度は我々自身に聞くこととなった。私以外の4名には、帰国後改めて聞きたいと思う。

私自身の答えはもちろん「YES」である。その時々に応じて、色々なことがあり決して楽しいことばかりではなかったが、日本では絶対に経験できないような貴重な時間を過ごすことができたことに間違いない。やり残したと思うことも確かにあるし、もっと別なやり方があったのでは？と反省することも多々ある。そういう意味では、「もう少しここにいたい」とも思う。いずれにしても、機会があれば「希望しても再び海外任務につきたい」と思う。

英語がもっと話せればと毎日のように思いながら、陸上自衛隊のLOとして日々他国の軍人達と接し、「日本（人）」と「自衛隊の活動」を正しく伝えるように努力してきたつもりである。また、色々な国の考え方や価値観ももっと聞いてみたかったが、私の能力の不足から、十分にできなかったことを残念に思う。

彼らが「正しく」日本と自衛隊を理解したかどうかははなはだ不安があるが、自衛官としてはもちろん、私の人生にとってこの上ないすばらしい経験をすることができた。ここで出会った多くの軍人達と、いつか、どこかで再び会える日を楽しみにしつつ、ここでの経験を、今後の隊務に活かしていきたいと思う。

（※）国連兵力引き離し監視隊

ありがとうございました。

4ヶ月間私達の書く「駄文」にお付き合い頂いたことに、本当に感謝しています。私達が書く文章を大勢の多忙な方々に読んで頂けるというのも、生涯二度とないことだと思います。ここで一緒に勤務できた他国の軍人たちと、この機会を与えて下さった皆さんに一同、深く感謝しております。

陸幕長をはじめ陸幕、サマーワ、クウェート等の多くの皆様からご支援、ご協力を賜り、心より感謝しております。おかげさまで、無事当地での勤務を終え、一同笑顔で帰国することができそうです。ありがとうございました。

（バグダッドLO第4次要員一同）

バスラ日誌（2006年1月22日）

昨日、師団司令部要員等の4次要員に対する支援への感謝と5次要員の紹介のために、日本隊LO主催のパーティを実施した。参加してもらえるかどうか分からなかった師団長が、開始直後から来られ、異例のことであるが、約2時間、料理と我々との会話を楽しまれた。悪天候のためヘリがキャンセルとなり、サマーワに帰ることができなくなった群長にも参加して頂いた。副師団長、幕僚長、イタリアの旅団長も来られた。

師団長が、「何か話したいだろう」と言いながら、参加者であふれ騒然としている会場を静かにさせて、私のスピーチのための状況を作為された。みんなが注目する中、御礼の言葉を述べるとともに5次要員への同様の支援の提供をお願いした。

スピーチの後、拍手喝采に包まれたので、十分気持ちは伝わり、5次要員への申し送りがほぼ完了したことを実感した。私の後に、師団長も我々に対する感謝の言葉を述べられた。準備した料理は、すべてなくなり、大好評であり、パーティは大成功であった。

これが、4次要員による最後のバスラ日誌になる。これまでご支援を頂いたすべての方々に感謝したい。

LOとしてCIMIC(※)活動を主業務としていたが、いつも言われたのが「日本の活動は素晴らしい」というものであった。復興支援活動全般を通じて、日本隊がイラクの将来に大きく貢献しているのを実感したものであるが、自分としても少なからず「有志連合」の一員として日本の存在感を師団司令部内で示せたと思う。そうでなければ、我々の離任に当たり涙してくれる外国人がいるはずがない。そして5次要員の方々にこの良好な状況をバトンリレーできたのではと思う。

今日は、日本にいる自分の息子に、父の姿を自慢したくなった。

（※）民軍連携

この半年間、現地の人と接して何かをするという経験は、まずできないだろうと思っていました。しかし昨日のパーティ準備で食堂のスタッフと一緒に調理準備をすることで、思いがけずそのチャンスがめぐってきました。食事の準備という本来の職務とは全く関係ない作業ではありましたが、非常に楽しく充実した時間を過ごせました。わずか数時間ではありましたが、「共に汗を流す」実感を得られたことで、バスラでの経験は私にとってより実りあるものになりました。

■■

私のイラク派遣は、当然の事かと思いますが「原隊出発に始まり原隊復帰に終る」と考えています。無事日本に帰る為「感情に浸るのは実家の函館に帰ってからで十分」とも思っていましたが、本日別れの挨拶の途中言葉を詰まらせ涙してくれた人がいた事に半年間の成果の一部を見ることができた気がします。バスラLOという貴重な経験をさせていただいたこと、支えてくださった皆さんに対する感謝の言葉は帰国まで取っておきます。

▼▼

長らくのご愛顧ありがとうございました。明日からは、5次要員の登場です。

バグダッド日誌（2006年2月9日）

コアリション（有志運合）

多国籍軍コアリション・オペレーション部の事務所に朝、顔を出した時に先ずすることは握手である。モンゴルの大佐とは、まずハグ（抱き合う）をして朝の挨拶を実施する。これらの挨拶は、三々五々事務所に入ってきた順に、所在する連絡幹部全員と実施するのが習慣となっている。私は朝の挨拶をする際は、多少忙しくても手を止めて立ち上がり、しっかり目を見て挨拶する様にしている。私の大好きな朝の一瞬だ。

ここコアリション・オペレーション部の雰囲気は大変良い。お互いが尊敬し合い、助け合っている。バグダッドという多少緊張感がある場所での勤務がそうさせているのかも知れないが、言語、宗教、文化、肌の色が違っても兄弟の絆を感じることができる。

昨日、コアリション・オペレーション部の副部長●●が3時にピザ・ハットのピザを差し入れしてくれた。皆でワイワイ食していると、▲▲が「このピザもアメリカで初めて出店された時は、すぐに潰れると思ったが、今や全米中にあるよ。」と感慨深くいう。するとカザフスタンの中佐が、「カザフスタンもこのピザの店は沢山ありますよ。世界は一つになろうとしているのかもしれませんね。」と答えた。

これからも世界は、様々な試練に立ち向かう時、コアリションを組んで解決する方策を模索するであろう。それぞれの「国家を守る」という同じ志をもつ者が、共通の目標に向かって事に臨もうとする「戦友意識」は、「世界が一つになることを現実にする。」と思わせるほど、利害関係のない純粋なものであると感じている。

バスラ日誌（２００６年2月１４日）

Ｊ９で任務期間を終えて帰国する人の(※)フェアウェル・パーティーがあった。私が参加するのは今回で2回目（前回は前任者●●とルーマニア軍の４人が送り出された。）だが、毎回帰国する人を誰かが紹介する。内容というと、彼は責任感があって、与えられた仕事以上に業務を積極的にこなしたとか、彼はＪ９に非常に良い成果を残してくれたとか、日本人じゃなくても恥ずかしくなるくらい褒める。また、その人のしゃべり方や身振り手振りをまねしたり、秘密の話を暴露したり、褒めるだけじゃなく笑いをとるためにジョークも入れる。そうやって紹介した後に、Ｊ９長がみんなが書いた寄せ書き（定型あり）とサーティフィケイション（Ｊ９で勤務したことを証明するもの）をわたす。その後本人が一言言う。皆一様に、「ここでは良い経験、充実した勤務ができた。上司や同僚に感謝する」というようなことを言う。

自衛隊でたとえると、まるで定年退官時の紹介みたいな感じである。でも、考えてみると退官とまではいかないがかなりの重さのある勤務ではあるのだろう。誰もみな、ここで勤務できて良かったと言い、すごく充実した顔立ちで旅立っていく。私もここでの勤務が終わるとき、同じ事が言え、同じように充実した顔立ちでみんなに送り出してもらえるよう、今後の勤務において精一杯努力していきたい。

（※）送別会

バスラ日誌（2006年2月27日）

イラク首相指示により、2006年2月27日以降イラク国民は、武器携帯許可証を携行せずに屋外において武器（拳銃、自動小銃、散弾銃、機関銃等）を携行することができなくなる。しかしながら、イラク国民で、兵役該当年齢（何歳かは不明）以上の男性は、自己防衛のためにのみ1人につき1銃、家の中で銃を保管することを引き続き認められる。

この命令に基づき、イラク治安部隊は、上記指示を守らずに武器を携行している者から武器を没収することができる。多国籍軍としては、この「刀狩り」を支援することについて検討しているが、そのための各別命令（FRAGO）の草案が示され、MND（SE）においても検討が始まった。内容については、ここでは紹介できないが、各国の公式な見解が求められている。

個人的には、公然と武器を携行できるのは、軍人、警察官等に限るべきであり、一般文民が武器を携行できなくなることは、望ましい事だと思う。しかし、イラクにおいてこの命令を厳格に適用した場合には、ゴールデンモスク爆破後の騒動がやや沈静化する傾向を示しているのに、また火に油を注ぎ、情勢が一気に悪化することも考えられる。

例えば、群衆の中に武器を携行している者がいた場合に、どうやってその武器携帯許可証を確認するのか。デモ隊のフラストレーションを増幅し、加熱させるのではないか。群衆の中から善意の市民と悪意をもった過激派をどう見分けるのか。また、多国籍軍が、治安部隊の取り締まりにどう関わっていくのか。もし、多国籍軍の兵士が、武器を携帯している者に対し、誤って発砲した場合に、その法的責任はどのように問われるのか等、考えればきりがないほど多くの問題を孕んでいる。

長い期間をかけて、将来的に解決していく問題としては、重要な課題であると思うが、治安情勢の改善のために事を急いでは、返って逆の結果を産む可能性があると思う。

バスラ日誌（2006年4月21日）

随想

軍人は、自分の所属する国家のみに忠誠を尽くしていればよいという時代は既に過去のものになり、国際社会の平和と安定のために尽くす時代になっているのだとバスラで勤務してから思うようになった。

もちろん政治的決断のもと国益のために献身するのが軍人にとって第一義であるのはいうまでもなく、各国の軍人も自国の国益のために存在している。当然、我々自衛官もそうであろう。しかし、それだけでは過去に戦った者同士が協力しあって仕事をしていることに説明がつかないと思う。これに対し、複雑に国益が絡み合う国際社会においては、国家単独で国益の追求はできないから、敢えて協力し合うのだという現実的な意見があるかもしれない。中東地域に国益を有する国が複数存在するからこそ、イラクの戦後復興にも複数の国が参加しているのだろう。

しかし、各国軍人の真摯な仕事ぶりを見るにつれ（もちろん全てではない）彼らの根底には国際平和の追求というはてなき理想があるのではないかと思うのである。きれいごとかも知れないが……。

バスラ日誌（2006年4月25日）

本日早朝、ANZAC DAYのセレモニーに、SNR（Senior National Representative）代理として参加した。ANZAC DAYは、オーストラリアで最も重要な国家的行事の1つであり、オーストラリア及びニュージーランドの部隊が第1次世界大戦間、初めて主要な戦闘に参加した記念日である。

1915年4月25日、オーストラリア及びニュージーランド陸軍部隊（The Australian and New Zealand Army Corps：ANZAC）はガリポリにおける戦闘に参加し、1918年11月の休戦協定まで戦った。第1次世界大戦後、オーストラリア政府は、4月25日を国家の記念日として宣言した。

その後数年間に、ANZAC DAYの意味は軍の作戦で戦死したり、負傷した全てのオーストラリア軍人を含むように解釈が拡大された。追悼の儀式がオーストラリア、ニュージーランド及び世界中で実施される。その時間は伝統的に夜明けであり、ガリポリ半島に上陸した時刻である。その後、その日になると退役軍人が主要な都市、たくさんのより小さな町全てに集まり、行進に参加するようになった。この日はオーストラリアの人々にとって様々な戦争の意味を考える日となっている。

私はその夜明けの追悼儀式（ANZAC DAY dawn service）に参加したわけであるが、オーストラリア国旗の半旗が掲揚された会場は真っ暗であり、その中で粛々と式は進められた。ガリポリ上陸時の戦闘の様相の説明に始まり、ＡＮＺＡＣ ＤＡＹのオーストラリア人にとっての意義の説明、追悼の言葉、師団長及びオーストラリア先任将校による花輪の献上、ラッパ吹奏による追悼に併せた敬礼、神父の言葉、そして最後のオーストラリア国歌吹奏で式は終了した。

我々にも終戦記念日があるが、軍人がそこまで大きく行事を行うことはない。「負けたから」という理由もあろうが、軍人が戦争に関係する記念日（又は追悼日）に式典を行うといっただけで、各方面から様々な反応があるからでもあろうと個人的には考えている。しかし、戦争が終わって約60年、そろそろ自分たちの歴史を見つめ直すべきではないだろうか。別に大東亜戦争は正義の戦争だった、いや先の大戦は侵略戦争だったとかそういうものではなく、先人が命をかけて国のために戦った事実を、戦争という歴史を後世に伝えていくべきではないかとこのセレモニーを通じて考えさせられた。

バスラ日誌（2006年5月14日）

勤務雑感

我々は多国籍軍と同じ地域に展開しているが、多国籍軍の指揮下にはない。これは、日本の法的制約が主な理由である。これは政府が派遣を決定する際、国民及び野党の理解を得るために何度も国会等で説明しているので、皆さんご承知の通りであると思う。しかし、同じ作戦地域に展開しているのに、同じ指揮官の隷下にないということは、軍事的には極めて不自然なことである。MND（SE）にしてみれば、通常命令すれば済むことができないという、非常に不都合な点があると私は認識している。

その反面、我々は隷下部隊と同様（それ以上の）の要請を行い、それを支援してもらっている。それはMND（SE）レベルの軍事的判断というよりも、極めて高度な政治的判断（日米英豪の4ヶ国関係、日本がコミットすることを米国が重視していること、日本が多額の資金をイラクに提供している等々）のおかげであると思う。ただ、末端レベルではそのことを十分認識していない人達もいると感じる。英国側にしてみれば、なぜ指揮下にないのかから始まって、どうして広報用の写真が提供できないのかという細かいところまで疑問があるようである。

そのような人達の疑問に対し、私は日本の憲法の話、集団的自衛権の話、自衛隊の派遣に至った政治的経緯の話をして、日本隊が極めて微妙な立場にあることを理解してもらうようにしている。それは決して日本隊が多国籍軍と同一視されては困るという利己的なものではなく、あくまで日本国内の政治的制約であるとの認識である。

一方、日本側でもそれら政治的なことを十分理解するとともに、MND（SE）

から受けている支援を認識する必要がある。指揮下にない部隊にもかかわらず、指揮下部隊以上の支援を受けていること、日本隊だけで日本隊の復興支援を行うことはできないことなどがそれである。MND(SE)には彼らの作戦がある。その作戦に我々はほんの少ししか貢献していない。それでも彼らは我々を一生懸命支援してくれる。

その恩に少しでも報いることができるように、我々LOは日本隊の代表として行動しているつもりである。

しかし、これはイラクにいる我々だけの問題ではないとも感じる。ここイラクは依然、普通の国ではなく、毎日のように戦死者がでており、軍隊が恒常的に軍事的作戦を遂行しているところであることを改めて関係者が理解する必要があると個人的には思っている。

バグダッド日誌（2006年5月20日）

指揮幕僚活動雑感

米軍の指揮・幕僚活動はトップ・ダウン形式であり、日本のそれはボトム・アップ式であると良く耳にする。なるほど、ここキャンプ・ヴィクトリーにおいても「米軍はトップ・ダウンだな。」と感じることが多々ある。もっとも象徴的に感じるのは、ＢＵＡ（朝の指揮官報告）においてＭＮＦ―Ｉ司令官ケーシー大将の質問に答えるのはＭＮＣ―Ｉ司令官●●である。▲▲が、具体的な数字を確認した場合でも即座に●●が回答している。日本であれば担当が分厚い資料を確認して答えるであろうと感じるのだが……。この間、米軍幕僚の担当部署はどうしているかというと、「もうすでに報告しているから」と言わんばかりの態度に私には見えてしまう。

多国籍軍司令部において私が経験した「極めて限られた世界」での「限られた勤務期間」を通じたことで恐縮であるが、「米軍は約5～１０%程度のもの凄く優秀な人が、その他大勢を導いている。」ように感じる。日頃、米軍人とのなにげない交流を通じても、日本では想像もできない人がいる。これは良い意味でも、悪い意味でもある。優秀な数パーセントの人(大佐クラス以上、サージャン・メイジャー・クラスはほぼ１００％）の立ち居振る舞いは素晴らしく、カリスマ的オーラを一瞬にして感じることができる。また、その他大勢の方は、おおよそ日本ではチョット……という仕事ぶりで、得てしてこれらの方々が尊大な態度をとっている……。

トップ・ダウンとボトム・アップのどちらが優れているかと比べるつもりは毛頭ない。米国は多民族国家故の強みと弱みを持っており、日本も単一国家故の強みと弱みをあわせ持っている。このため、米国には米国の風土に応じた方法で、日本もまた風土に応じた最も効果的な方法で指揮幕僚活動を実施していると感じる。

「三人寄れば文殊の知恵」「和をもって尊しとなす」風土で育った私は、日本のやり方を大切にしつつ、米国式の良いところを学び、仕事の仕方を調和させながら勤務していきたいと感じている。

バグダッド日誌（2006年5月31日）

自衛隊教育訓練の偉大さ

●●と▲▲はMNC—I（多国籍軍団）情報部の情報幹部として24時間（デイ・ナイト・シフト）で勤務しており、日本隊の所属している部署のチーフ（米陸軍少佐）から与えられる課題を約2週間の期間をかけてグループ作業で検討している。

このグループの長をチーム・リーダーといい意見の取りまとめから発表まで実施しなければならず、チーム・リーダーに指名された場合かなり大変な2週間を過ごすこととなる。

日本隊がチーム・リーダーの時は勿論、他国のLOが分析結果を発表する時もなるべく見にいくようにしているが、日本隊とコアリション各国の実施する発表内容の質に格段の差がある。言葉は悪いが情報部で日本隊とともに勤務するコアリション各国LOの発表は全く分析になっておらず、事実の羅列としか思えない内容を「分析」として発表している。また発表態度も「ヘラヘラ」しており、まず発表を聞いてもらうに値しないように感じてしまう。

一方で日本隊は「帰納法」なり「演繹法」なりのアプローチで分析し、米軍チーフをして毎回「興味深い視点だ。」と好評である。このため日本隊がチーム・リーダーになる機会がやたらに多いのかも知れないが……。

分析成果発表を見に行くたびに感じるのは、陸上自衛隊の幹部上級課程を終えた幹部なら、多国籍軍司令部内で十分どころか「使える幕僚」として評価されるだろうと感じ、つくづく自衛隊における教育訓練の質の高さを感じている。

毎回この分析成果発表を見ながら、日米同盟の重要性が見えてくるように感じている。

バグダッド日誌（2006年6月12日）

治安権限移譲の着実な歩みを実感

パレス（多国籍軍司令部）前の駐車場には、キャンプ・ヴィクトリー外柵を警備する米軍が出発前のミッション・ブリーフィングを実施している光景をよく見かける。昨日見慣れない戦闘服の兵士が米軍とともにミッション・ブリーフィングを受けているのを見かけ、注意して確認してみるとイラク陸軍兵がその輪に加わっていた。イラク陸軍の使用する車両は米軍と全く同じ高機動車（ハムビー）であるがガナー位置には誇らしげにイラク国旗が標記されていた。

朝の指揮官報告（ＢＵＡ）では、米軍・イラク軍協同の警備、更にはイラク軍主導の警備状況が報告され、イラク軍の充実と治安権限が委譲されている状況が報告されている。

身近なキャンプ・ヴィクトリーの警備が協同で実施されるのを目の当たりにして治安権限委譲の確実な歩みを実感することができる。今後近い将来には、イラク軍単独で警備を担当する日が来て、多国籍軍の支援なしにイラクが自立できることを祈っている。

バスラ日誌（２００６年６月１２日）

日本では、自動販売機があちこちにあり、コンビニも何でこんなに近くに何軒もあるのかと思うくらいたくさんあって、必要なものは夜中でも大体手に入る便利な生活を送っていたので、そんな生活がどれ程ありがたいことか気付かなかった。電気も水も供給されるのが当たり前で、不景気だといっても、物価は安定し、さほど困ることもなかった。信じられないような犯罪が増え、自殺者が年間3万人を超えるような国にはなってしまったが、毎日テロが起こり、爆弾や銃撃によって何人もの人が日々殺されるイラクに比べれば何と幸せな国であることか。

こちらに来て、石油産油国であるにも拘わらず、国民が石油を入手することもままならず、電気も1日数時間の供給しかなくて、子供達が安全で綺麗な水を飲むことも難しい状況を知ると、少しでも早く政治が安定し、治安を回復して平和を取り戻し、国民が豊かさを享受できる国になって欲しいと願う。同時に、我が国にこのような不幸が2度と起こらないように、私たちの子供達が安心して暮らせる国であり続けられるように、こちらは祈るだけではなく、我々が努力していかなければならないのだと思う。

バスラ日誌（2006年7月3日）（最終記念号）

4日、0900をもって××を遮断する。いよいよ先発及び主力の移動が目前に迫ってきた。これまで、師団がどう考えているか、司令部の雰囲気は、あるいは我々の近況は、さらにはサマワに対する感謝、または意見具申等、様々なことを伝え、喜んで頂いたり、お叱りを頂いたりしてきたが、本日をもって最終号とし、残る詰めの業務に専念したいと思う。最後のお1人が、無事クウェートに到達するまで、全力を尽くして我々に与えられた任務を完遂したいと思う。

『皆さん、クウェートで会いましょう！』　●●

バスラは、距離及び脅威のため移動の制約があり、電話とEメールという限られた連絡手段のみによって意思疎通を図らねばならず、サマワの関係者の皆さんには色々とご迷惑をおかけしたかもしれない。しかし、我々バスラLOは、◆◆を中心に日本隊の任務達成のために最善を尽くしてきたと自負している。相手が何を必要としているか、相手が何をしてもらえば任務を完遂できるのかを常に考える、相手の視点にたった思いやりの姿勢で最後まで勤務していきたい。　▲▲

バスラＬＯ情報担当として、「緊急情報の即時報告」、「使用者が利用しやすい情報資料の提供」を心掛けて勤務してきたつもりであるが、至らない点もあり皆様にご迷惑をお掛けしたかもしれない。ほとんどの他国軍軍人は、我々ＬＯが日本人と接する初めての機会であったと思われるが、班長を筆頭に「勤勉な日本人」の印象を持ったのではないかと密かに思っている。戦後、日本は奇跡の復興を果たした。その理由が「勤勉さ」にあると他国軍軍人は、感じているようである。

■■

バスラで勤務して、多国籍師団の作戦を目の当たりにすることができた。今思うと、状況は常に変化し、また様々な出来事があり、あっという間に時が流れていったような感じだ。その間、多国籍師団とサマーワとの架け橋として勤務できたことに幸せを感じている。また、多国籍師団から受けた数多くの支援や日本、サマーワ等からの激励には感謝の気持ちで一杯である。勤務を振り返ってみたが、まだ終わったわけではないので、最後まで任務が全うできるように気を引き締めていきたい。

バスラ4名、最後まで極めて健康！英軍病院受診回数0！サマワから送ってもらった○虫の薬のみ！

バグダッド日誌（2006年7月15日）

多国籍軍団司令部情報部

今年の正月明け、まだお屠蘇気分も抜け切らぬ真冬の日本からバグダッドに来てから早7ヶ月目に入った。

私の職場である多国籍軍団情報部●●でもすでに最古参である。新しく来た他国の軍人に、いつの間にか●●勤務要領を指導したりする立場になっていた。半年前は右も左も分からず、不安しかなかった自分を思い浮かべ、新人に対してはホスピタリティーを持って接している。彼らもこれから様々の経験を積んでいくのだろう。

ここでの勤務は本当に人生の勉強になった。同僚の各国の軍人達との討議における意見の相違そして文化の違いから来る様々な軋轢もあった。アゼルバイジャン、ラトビア、エストニア、マケドニア、リトアニア、アルバニア、スロバキア、韓国等から来ている彼らと、敵の可能行動について夜を徹して討議した日々も今では全て良き思い出になった。我々の結論に対してＪ３から賞賛された時は、リーダーとして彼らをまとめた苦渋の時間も今は報いられた気がする。

ここでの勤務は演習ではない。全てが本番だった。我々の見積が、多国籍軍兵士の命にかかわる問題になり緊張の連続だ。しかし私がここで勤務できるのも、それを支援してくださる多くの人達がいるからこそであったことを決して忘れることはない。

残りの日々を最後の最後まで気合で頑張りたい。

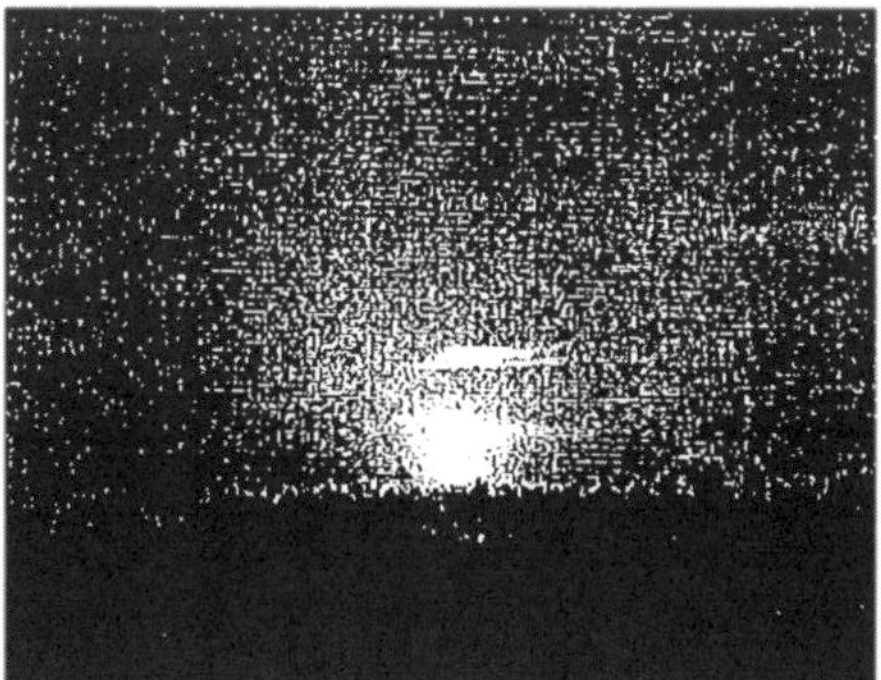

明るい未来を思わせるバグダッドの夜明け

バグダッド日誌（２００６年７月１８日）

平和の尊さ（5次バグダッド連絡班日誌最終回）

まもなく、ここバグダッドを離れクウェートに移動する。今の心境は「与えられた任務をできるだけ高い精度で達成できるよう、編成が解組される一瞬まで追い求め、イラク復興支援群全員で隊旗を無事に返還したい。」その一心である。そして今回の任務を大過なく達成することができたなら、心静かに国防任務のための精進に努力したい。

半年もの長い間、統幕、陸幕、情報本部から支えられ、サマーワ、クウェート、空自そしてコアリションの仲間に助けてもらい、何一つ不安に思うことはなかった。家族には、私の好きな仕事にのみに集中させてもらい、派遣間に日本を全く心配することなく勤務させてもらった。特に妻には、寝たきりの母の介護で大変であったろうにも拘わらず、逆にイラクのことばかり心配してくれたことを心から感謝している。

またバグダッド連絡班のすばらしい仲間に恵まれたことは、私にとって何ものにも代え難い幸運であった。●●が私を調子に乗せ、調子に乗りすぎた私を▲▲が諌め、■■が笑いをとって和ませ、▼▼が最後の砦となって連絡班の子守をしてくれた。もし叶うなら年に一度くらい、このメンバーでバグダッドでの勤務を酒のつまみに杯を交わすことが出来れば望外の幸せであろう。

今回の勤務を通して改めて感じることは、今回の派遣で新たに得られた教訓以上に、今まで自衛隊が努力してきたことが正しかったことを強調することができる。世界最強の名を欲しいままにしている米軍に決して引けをとらない高い団結、規律、士気を保ちながら、視線は常にイラク国民と同じで、イラクの復興を心から願う純粋な「真心」がある。米軍の広報担当が「サマーワの日本隊は、何故ローカル・ピープルからこんなにも支持されているのか？同じデモでも外国の軍隊に残って欲しいと陳情する自発的なデモなんて聞いたことがない。」と逆に日本隊の活動に学ぼうとしていることは、自衛隊が「心、技、体」の充実した一流の武装組織である証左であり、誇りに感じて良いと実感している。

未だ完全な復興には道半ばの首都バグダッドでの勤務を通して、祖国日本の平和の尊さを噛みしめ、今後も日本がこの平和を享受できるよう、一自衛官として努力していきたい。

派遣間のご支援どうも有り難うございました。

注記一覧

BIAP	バグダッド国際空港
BUA	朝の指揮官報告
C−130	輸送機
C2	指揮統制
CIMI	民軍連携
DSN	米国防省電話交換網
ECM	電波妨害装置
G1	人事担当
HQ	多国籍軍事務所
IDF	間接射撃
IED	路肩爆弾等の即席爆発装置
IPS	イラク警察
J1	総務部
J2	情報部
J3	作戦運用部
J4	後方補給部
J9	民軍連携部
LO	連絡幹部
MJLC	兵站会議
MNC	多国籍軍（米英豪）
MND(SE)	多国籍師団（南東部）
MNF	多国籍軍
MP	憲兵
POLAD	政治顧問
Psy Ops	心理戦部隊
PX	売店
R&R	休暇
RPG	携帯式対戦車グレネードランチャー
SAF	小火器
SAM	地対空ミサイル
SNR	先任国代表者
THE INDEPENDENT	イギリスのオンライン新聞
UNDOF	国連兵力引き離し監視隊
VBIED	自動車爆弾
アーマー	防弾ベスト
朝雲	防衛専門紙
インマル	衛星通信
キャリバー50	重機関銃の一種
コアリッション・オフィス	各国先任連絡幹部の事務所
コンボイ	護衛車列
戦力回復	休暇
パレス	バグダッドにある宮殿　P148参照
フェアウェル・パーティー	送別会
プライム・ミニスター	首相
フレア	誘導ミサイル用の囮《おとり》
ヘスコ	大型の土嚢

おわりに

　多くの読者の方は、命の危険が無い安全な環境で本書を読まれたことと思います。一方で隊員の方々は、ロケット弾の攻撃を受けながら、50度を超える気温の中、シャワーの水は30秒、何ヶ月も休日無し、不慣れな異国の地で、多国籍軍と苦手な英語でコミュニケーションを取りながら、それでもイラクの人々のために強い意欲と使命感を持ち、復興支援に取り組んでいました。

　この日誌を通して、ともすればこれまで自分とは種類が異なる遠い存在と思えていた彼らが、私達と同じ生身の人間であり、人間関係に悩み、家族を想い、攻撃には恐怖を感じ、日々の小さな出来事に一喜一憂する一個人でもあるということを感じていただけたのではないでしょうか。

　自衛隊の海外派遣は是か非か、その存在は違憲か合憲か、そして今後どのようになってゆくのか。こうしたことは、最終的には有権者である私達国民一人ひとりが投票によって決めてゆくことになります。そのような議論を考える際にも、「自衛隊」という個人の顔が見えない組織全体についてだけではなく、その中では私達と同じ生身の人間が、それぞれの生活や感情をもって人生を送っているのだということを思い出していただければ幸いです。

最後になりましたが、イラクで活動された隊員の方々、「日報」を公開するためにご尽力くださった方々、本書の出版をご快諾くださった防衛省の皆様、そして素晴らしい日報を書いてくださったLOの皆様、またここまでお読みくださった読者の皆様にも深く御礼申し上げます。ありがとうございました。

2018年6月　　　　ライフブックス編集部

自衛隊イラク日報
日誌から見える隊員達の生活と素顔

2018年6月16日　初版発行

編集　ライフブックス編集部

原文　防衛省

発行者　村上篤希

発行所　株式会社真明社
〒300-1222
茨城県牛久市南5-19-33
Tel 029-846-0509　Fax 029-307-8315
www.shinnmeisha.com

印刷・製本　株式会社シナノパブリッシングプレス

ISBN978-4-909534-61-3 C0031